创新型计算机精品教材

C#面向对象程序设计项目教程

主 编 王 超 殷晓伟 汤泳萍

江苏大学出版社

镇 江

内 容 提 要

随着 IT 技术的发展，越来越多的软件开发技术涌现出来，C#开发技术以其简单、实用、易学等特点被越来越多的软件开发人员所青睐。本书充分考虑开发人员的实际需求，采用项目教学方式，通过大量案例介绍了 C#语言面向对象的开发技术。

全书共分 14 个项目，内容涵盖 Visual Studio 2008 开发环境的搭建、C#语法基础、方法、程序调试与异常处理、类与对象、继承与多态、抽象类与接口、数组与集合、文件处理技术、委托与事件、泛型、数据处理、打包程序、综合实践。

本书可作为各类院校，以及各类计算机教育培训机构的专用教材，也可供广大电脑爱好者自学使用。

图书在版编目（CIP）数据

C#面向对象程序设计项目教程 / 王超，殷晓伟，汤泳萍主编. -- 镇江：江苏大学出版社，2014.3
（2023.2 重印）
ISBN 978-7-81130-689-7

Ⅰ．①C… Ⅱ．①王… ②殷… ③汤… Ⅲ．①C 语言－程序设计－教材 Ⅳ．①TP312

中国版本图书馆 CIP 数据核字(2014)第 037831 号

C# 面向对象程序设计项目教程

C# Mianxiang Duixiang Chengxu Sheji Xiangmu Jiaocheng

主　　编／王　超　殷晓伟　汤泳萍
责任编辑／张小琴
出版发行／江苏大学出版社
地　　址／江苏省镇江市京口区学府路 301 号（邮编：212013）
电　　话／0511-84446464（传真）
网　　址／http://press.ujs.edu.cn
排　　版／北京谊兴印刷有限公司
印　　刷／北京谊兴印刷有限公司
开　　本／787 mm×1 092 mm　1/16
印　　张／20.25
字　　数／456 千字
版　　次／2014 年 4 月第 1 版
印　　次／2023 年 2 月第 10 次印刷
书　　号／ISBN 978-7-81130-689-7
定　　价／48.00 元

如有印装质量问题请与本社营销部联系（电话：0511-84440882）

　　随着社会的发展，传统的教育模式已难以满足就业的需要。一方面，大量的毕业生无法找到满意的工作；另一方面，用人单位却在感叹难以招到符合职位要求的人才。因此，积极推进教学形式和内容的改革，从传统的偏重知识的传授转向注重就业能力的培养，并让学生有兴趣学习、轻松学习，已成为大多数高等院校及中、高等职业技术院校的共识。

　　教育改革首先是教材的改革，为此，我们走访了众多高等院校及中、高等职业技术院校，与许多教师探讨当前教育面临的问题和机遇，然后聘请具有丰富教学经验的一线教师编写了这套以任务为驱动的"项目教程"丛书。

本套丛书的特色

　　（1）**满足教学需要**。各书都使用最新的以任务为驱动的项目教学方式，将每个项目分解为多个任务，每个任务均包含"预备知识"和"任务实施"两个部分。

> **预备知识**：讲解软件的基本知识与核心功能，并根据功能的难易程度采用不同的讲解方式。例如，对于一些较难理解或掌握的功能，用小例子的方式进行讲解，从而方便教师上课演示；对于一些简单的功能，则只做简单讲解。

> **任务实施**：通过一个或多个案例，让学生练习并能在实践中应用软件的相关功能。学生可根据书中讲解，自己动手完成相关案例。

　　（2）**满足就业需要**。在每个任务中都精心挑选与实际应用紧密相关的知识点和案例，从而使学生在完成某个任务后，能马上在实践中应用从该任务中学到的技能。

　　（3）**增强学生学习兴趣，帮助他们轻松学习**。严格控制各任务的难易程度和篇幅，尽量确保教师在20分钟之内将任务中的"预备知识"讲完，然后让学生自己动手完成相关案例，从而增强学生的学习兴趣，让学生轻松掌握相关技能。

　　（4）**提供代码和课件**。各书都配有案例源代码和精美的教学课件，读者可从网上下载。

　　（5）**体例丰富**。各项目都安排有知识目标、项目总结、项目考核等内容，使读者在学习项目前做到心中有数，学完项目后还能对所学知识和技能进行总结和考核。

本套丛书读者对象

本书可作为各类院校，以及各类计算机教育培训机构的专用教材，也可供广大电脑爱好者自学使用。

本书内容安排

- ➤ **项目一**：学习 C# 的入门知识，包括 C# 开发环境 Visual Studio 2008 的安装，控制台应用程序、Windows 窗体应用程序与 WPF 应用程序的创建。
- ➤ **项目二**：学习 C# 语法基础知识，包括 C# 中的基础语言元素和分支循环语句的新用法。
- ➤ **项目三**：学习与方法相关的知识，包括方法的声明、方法参数、静态方法与实例方法、方法的重载等。
- ➤ **项目四**：学习程序调试与异常处理，包括排出语法错误、设置断点、监视变量、控制程序执行方式、常见异常类以及异常的捕获。
- ➤ **项目五**：学习类与对象，如类的创建、类的成员、访问修饰符以及对象的创建和使用等。
- ➤ **项目六**：学习继承与多态，如继承的含义与实现、继承中构造函数的执行、隐藏基类对象、使用虚方法实现多态等。
- ➤ **项目七**：学习抽象类与接口，包括抽象类、抽象方法、虚方法与抽象方法的区别、接口的声明与实现、接口与抽象类的区别。
- ➤ **项目八**：学习数组与集合，包括一维数组、二维数组、常用集合类、结构和枚举类型。
- ➤ **项目九**：学习文件处理技术，包括文件处理相关类，如 File，FileInfo，Directory 和 DirectoryInfo；文件读写相关类，如 FileStream，StreamReader 和 StreamWriter 类。
- ➤ **项目十**：学习委托与事件，包括委托的定义与调用、多重委托、事件机制。
- ➤ **项目十一**：学习泛型，包括泛型引入的原因、泛型类、泛型方法和泛型集合。
- ➤ **项目十二**：学习数据处理，包括 ADO.NET 访问模式、Connection 对象、Command 对象、DataReader 对象、DataSet 对象和 DataAdapter 对象。
- ➤ **项目十三**：学习打包程序的方法，如将特定文件安装到指定文件中。
- ➤ **项目十四**：应用所学知识进行综合实践，设计一款简单的图像处理软件。

本书教学资料下载

本书配有案例源代码和精美的教学课件，并且书中用到的全部素材都已整理和打包，读者可以登录文旌综合教育平台"文旌课堂"（www.wenjingketang.com）下载。

本书的创作队伍

本书由王超、殷晓伟、汤泳萍担任主编，于润众、王大海、刑作辉、许动枝、杨林、李敏、勾智楠担任副主编，李晓辉、王明磊参与了本书的编写。

由于编者水平有限，书中难免存在疏漏与不当之处，敬请广大读者批评指正。

另外，如果读者在学习中有什么疑问，可登录文旌综合教育平台"文旌课堂"（www.wenjingketang.com）寻求帮助，我们将会及时解答。

本书编委会

主　编：王　超　殷晓伟　汤泳萍

副主编：于润众　王大海　刑作辉

　　　　许动枝　杨　林　李　敏

　　　　勾智楠

参　编：李晓辉　王明磊

目录

项目一 欢迎进入 C# 世界

项目导读

C#（读音为 C sharp）是 Microsoft 公司为推行.NET 战略而发布的一种全新的面向对象的高级编程语言。它由 C 和 C++ 衍生而来，在继承 C 和 C++ 强大功能的同时去掉了它们的一些复杂特性（如宏、模版和多重继承等）。与此同时，C# 还综合了 VB 的可视化操作和 C++ 的高运行效率，因此，C# 成为目前程序员进行软件开发的首选语言之一。

知识目标

- ✎ 掌握 Visual Studio 2008 的安装方法。
- ✎ 掌握控制台应用程序、Windows 窗体应用程序和 WPF 应用程序的创建方法。
- ✎ 熟悉 C# 程序的结构特点。

任务一 搭建 C# 开发环境

任务说明

就像说英语要有英文的语言环境一样，要想使用 C# 语言开发应用程序，首先要为其构建相应的开发环境。在本任务中，我们将学习 C# 语言常用的开发环境 Microsoft Visual Studio 2008。

预备知识

Microsoft Visual Studio（简称 VS）2008 是由微软公司出品的一个完整的开发工具集，它包括了整个软件生命周期中所需要的大部分工具，如 UML 工具、代码管控工具、集成开发环境等。所写的目标代码适用于微软支持的所有平台，包括 Microsoft

Windows,Windows Mobile,Windows CE,.NET Framework,.NET Compact Framework 和 Microsoft Silverlight。它包含基于组件的开发工具（如 Visual C#,Visual J#,Visual Basic 和 Visual C++），以及许多用于简化基于小组的解决方案的设计、开发和部署的其他技术。

> UML 为 Unified Modeling Language 的缩写，意为统一建模语言。它是运用统一的、标准化的标记和定义实现对软件系统进行面向对象的描述和建模。

在安装 Visual Studio 2008 之前，读者首先确保本机安装的 IE 浏览器版本为 6.0 或更高，同时软硬件配置要满足如下要求：

操作系统： Windows XP,Windows Server 2003,Windows Vista 或 Windows 7。

最低配置： 1.6 GHz CPU、384 MB 内存、1 024×768 分辨率显示器和 5 400 r/min 硬盘。

建议配置： 2.2 GHz 或更快的 CPU、1 GB 或更大的内存、1 280×1 024 分辨率显示器和 7 200 r/min 或更快的硬盘。

任务实施——安装与启动 Visual Studio 2008

一、安装 Visual Studio 2008

安装 Visual Studio 2008 的过程比较简单，具体步骤如下：

步骤 1 双击安装介质中的 setup.exe 安装程序，进入图 1-1 所示安装界面，单击"安装 Visual Studio 2008"超链接开始 Visual Studio 2008 的安装。安装程序首先会加载安装组件，如图 1-2 所示，这些组件为 Visual Studio 2008 的顺利安装提供了基础保障。

图 1-1　Visual Studio 2008 安装界面　　　　图 1-2　加载安装组件

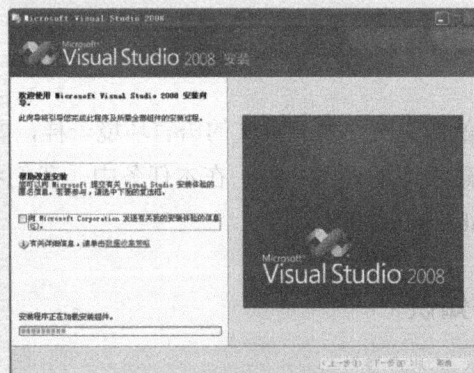

步骤 2 安装组件加载完毕后，单击"下一步"按钮进入图 1-3 所示画面。在此画面中，

用户可以选择安装的方式和安装路径。选择"默认值"选项，将会安装 Visual Studio 2008 提供的默认组件；选择"完全"选项，将安装 Visual Studio 2008 的所有组件；选择"自定义"选项，用户可以根据需要选择安装组件。

步骤 3 设置完毕后，单击"安装"按钮即开始 Visual Studio 2008 的安装，如图 1-4 所示。

图 1-3 选择安装的方式和安装路径

图 1-4 安装 Visual Studio 2008

> 在图 1-4 中可以看到，系统最先安装的组件为 Microsoft .NET Framework（.NET 框架）；它是整个开发平台的基础，包括公共语言运行时（CLR）和 .NET 类库两部分。CLR 负责管理和执行由 .NET 编译器编译产生的中间语言代码；.NET 类库封装了系统底层的功能。

步骤 4 当出现图 1-5 所示的安装完成画面时，单击"完成"按钮即完成整个安装过程。

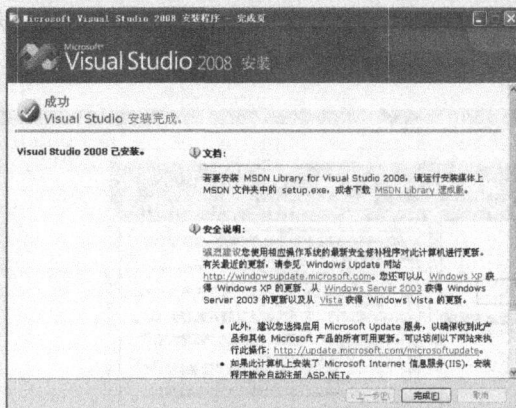

图 1-5 安装完成页面

二、启动 Visual Studio 2008

下面我们启动新安装的 VS，来认识一下 VS 的操作界面。

步骤 1 单击"开始"按钮 <u>开始</u>，选择"所有程序"→"Microsoft Visual Studio 2008"，单击其中的"Microsoft Visual Studio 2008"菜单项，如图 1-6 所示。

图 1-6　VS 启动路径

步骤 2 计算机开始启动 Microsoft Visual Studio 2008，将出现如图 1-7a 所示的启动界面。稍等片刻，待系统出现图 1-7b 所示的"选择默认环境设置"对话框时，在该对话框中选择"Visual C#　开发环境"选项，然后单击"启动 Visual Studio (S)"按钮。

(a)　　　　　　　　　　　　　　(b)

图 1-7　为第一次启动 Visual Studio 2008 配置环境

步骤 3 Visual Studio .NET 启动后，会出现一个如图 1-8 所示的起始页，在起始页可以打开已有的项目或建立新的项目。

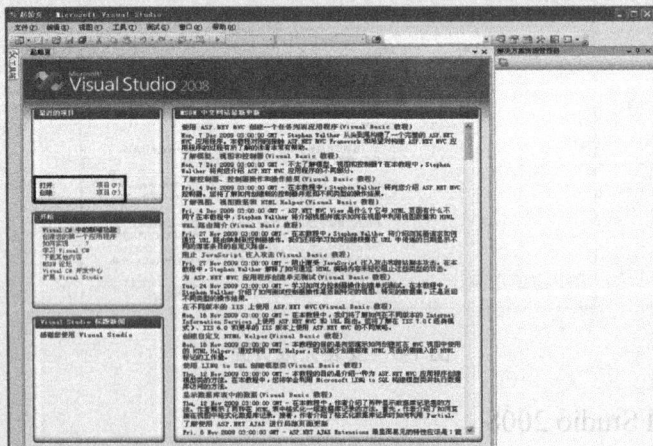

图 1-8　Visual Studio 起始页

步骤4 接下来新建一个 Visual C# .NET 项目。如图 1-9a 所示，选择"文件" → "新建" → "项目"菜单，将会弹出"新建项目"对话框。由于初次启动 VS 时，已经设置默认环境为 Visual C# ，因此默认创建基于 C# 语言的应用程序。若希望选择不同的编程语言来创建各种项目，可单击"其他语言"节点，如图 1-9b 所示。

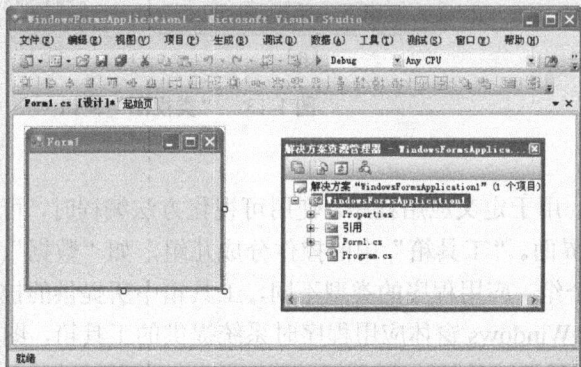

(a)   (b)

图 1-9 "新建项目"对话框

步骤5 在该对话框的"项目类型"窗格中选中"Visual C#"选项，在"模板"窗格中选中"Windows 窗体应用程序"选项。在"名称"文本框中输入项目名称，在"位置"组合框中输入项目的保存位置（路径）。

步骤6 单击"确定"按钮后，将会出现如图 1-10 所示的 Windows 窗体应用程序设计窗口，默认显示解决方案资源管理器和 Form1.cs[设计]（Form1 窗体的设计模式）。若 VS 中没有显示解决方案资源管理器，读者可在"视图"菜单中选择"解决方案资源管理器"命令，如图 1-11 所示，同时"类视图"、"属性窗口"和"工具箱"也是常用的窗口。

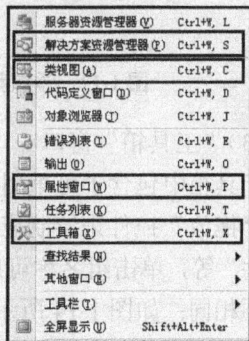

图 1-10 Windows 窗体应用程序设计窗口   图 1-11 视图选项

下面介绍以上常用窗口的作用。

（1）"解决方案资源管理器"窗口

解决方案资源管理器以树形视图的形式显示当前解决方案中所包含的项目和项目中所包含的项，如图 1-10 所示。每种类型的项目模板都提供了默认的文件夹和文件等项，用户也可以添加新的项以满足开发项目的需要。

> **提示** 添加新项方法：右击某项目名称，在弹出的快捷菜单中指向"添加"选项，在子菜单中选择添加项的方式和类型，如图 1-12 所示。

（2）"类视图"窗口

"类视图"窗口以树形结构显示了代码中名称空间和类的层次结构，用户可以展开结点，查看名称空间中包含的类以及类中包含的成员信息。如图 1-13a 所示，VS 2008 中将类与类的成员分别放置在上下两个面板中。

同时，类视图提供了快速访问功能。右击某个类的成员，在弹出的快捷菜单中选择"转到定义"命令，如图 1-13b 所示，代码编辑器将自动定位到该项的定义处（或者双击某个类的成员也可以完成同样的工作）；若选择"查找所有引用"选项，VS 将自动列出代码中所有使用到该项的位置。

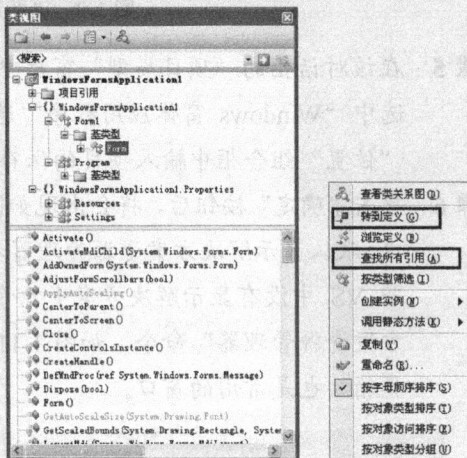

图 1-12　添加新项　　　　　　　　图 1-13　"类视图"窗口

（3）"工具箱"窗口

工具箱中包含了可重用的控件，用于定义应用程序。使用可视化方法编程时，可在窗体中"拖放"控件来绘制应用程序界面。"工具箱"中的控件分成几组，如"数据"、"公共控件"等，单击组名称可展开一个组。应用程序的类型不同，工具箱中所提供的控件种类也不相同：如图 1-14 所示为创建 Windows 窗体应用程序时系统提供的工具箱，图 1-15 所示为创建 WPF 应用程序时系统提供的工具箱。

图 1-14 "Windows 窗体应用程序"工具箱　　　图 1-15 "WPF 应用程序"工具箱

> **提示**　单击工具栏中的图标 ✎ ，同样也可以打开"工具箱"窗口。

（4）"属性"窗口

"属性"窗口用于设置控件的属性。这些属性定义了控件的信息，如大小、位置、颜色等。"属性"窗口的窗体控件及窗口中各项含义如图 1-16 所示。

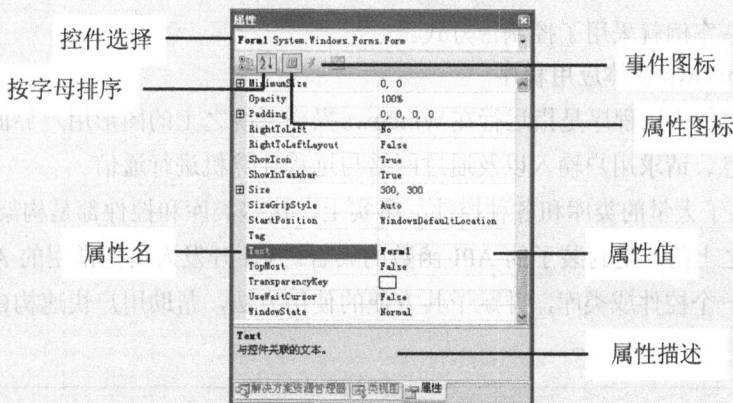

图 1-16 "属性"窗口

> **提示**　右击某控件，在弹出的快捷菜单中选择"属性"选项也可以打开"属性"窗口。

任务二　创建简单的 C# 应用程序

任务说明

C# 是微软（Microsoft）为 .NET Framework 量身定做的程序语言，在 Visual Studio

中，使用 .NET 基本类库可以开发多种应用程序，如控制台应用程序、Windows 窗体应用程序、ASP .NET Web 窗体应用程序、WPF 应用程序等。

在本任务中我们将通过 C# 语言在 VS 中开发一些不同类型的简单应用程序。

预备知识

控制台应用程序、Windows 窗体应用程序与 WPF 应用程序

在 VS 中创建应用程序之前，先了解一下控制台应用程序、Windows 窗体应用程序与 WPF 应用程序的基本概念。

（一）控制台应用程序

控制台应用程序没有独立窗口，一般在命令行运行，输入输出通过标准 IO 进行，即要像 DOS 那样需要通过输入命令和参数对软件进行操作，而不能像 Windows 大部分软件一样，用鼠标单击菜单或拖拽相应工具就能执行很多功能。

任何操作系统（DOS,Windows,Linux,Unix 等系统）都支持控制台程序，一般后台运行的程序可作为控制台应用程序。另外，控制台应用程序适合初学者学习面向对象的概念，本书中一些案例就采用了控制台方式。

（二）Windows 窗体应用程序

Windows 窗体应用程序是指运行在 Windows 操作系统之上的图形用户界面程序的统称，可显示信息、请求用户输入以及通过网络与远程计算机进行通信。

VS 中提供了大量的类库和各种控件，事实上，这些类库和控件都是构架在 WIN32 API 函数基础之上的，是封装了的 API 函数的集合。VS 开发人员把常用的 API 函数组合在一起成为一个控件或类库，并赋予其方便的使用方法，帮助用户快速构建 Windows 窗体应用程序。

> 知识库
>
> API 的英文全称为 Application Programming Interface，即应用程序接口。Win32 API 也就是 Microsoft Windows 32 位平台的应用程序编程接口。在 Windows 程序设计发展初期，Windows 程序员所能使用的编程工具唯有 API 函数，这些函数是 Windows 提供给应用程序与操作系统的接口，它们犹如"积木块"，可以搭建出各种界面丰富、功能灵活的应用程序。因此，可以认为 API 函数是构筑整个 Windows 框架的基石，在它的下面是 Windows 的操作系统核心，而它的上面则是所有的界面漂亮的 Windows 应用程序。

（三）WPF 应用程序

WPF（Windows Presentation Foundation，基于 Windows 的图形界面处理）是微软新

一代图形系统，运行在 .NET Framework 架构下，为用户界面、2D/3D 图形、文档和媒体提供了统一的描述和操作方法，是新一代 Windows 操作系统的重大应用程序开发类库。WPF 基于 DirectX 技术（DirectX 是一套直接借助显卡和声卡处理视频、音频和图形的 API），不仅带来了前所未有的 3D 界面，而且其图形向量渲染引擎也大大改进了传统的 2D 界面，使开发人员和设计人员可以创建更好的视觉效果，给用户带来非凡的体验。

> **知识库**
>
> 这里将三者的区别总结如下：
> ① 控制台应用程序通常没有图形界面，只有字符界面；
> ② Windows 窗体应用程序有图形界面，是对 Windows API 的封装；
> ③ WPF 应用程序也是用来做图形界面的，但 WPF 不是对 Windows API 的直接封装，而是对 DirectX 的封装，因其更能利用显卡，所以可以较容易地做出酷炫的界面效果。

任务实施———创建控制台应用程序

创建一个控制台应用程序，输出文字"欢迎进入 C# 世界！"

实施步骤

步骤 1 启动 Visual Studio 2008，选择"文件"→"新建"→"项目"菜单（或者按【Ctrl+Shift+N】组合键），打开"新建项目"对话框。如图 1-9b 所示，在其左侧的"项目类型"栏中选择"Visual C#"选项，接着在其右侧"模板"列表框中选择"控制台应用程序"选项。然后在"名称"文本框中输入应用程序名，在"位置"栏中选择存放应用程序的位置，在"解决方案名称"文本框中输入解决方案名称。若不希望创建解决方案目录，则取消"解决方案名称"复选框。

步骤 2 单击"确定"按钮后，便新建了一个空白控制台应用程序，VS 将自动打开该项目的源程序文件 Program.cs，显示在中间的代码窗口中，如图 1-17 所示。

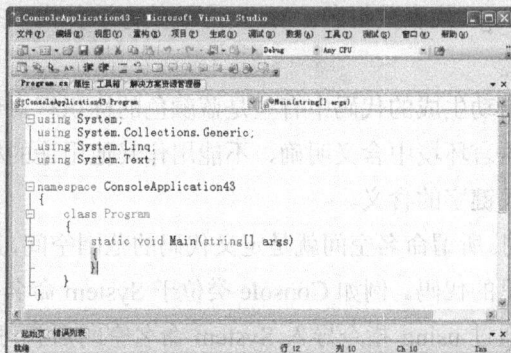

图 1-17 控制台应用程序编程界面

步骤3 在主方法（即代码行 static void Main（string[] args）下面的花括号 { }内部）中输入相应的代码以完成相应的功能。这里将程序的所有代码列出（如【代码 1-1】所示），以帮助读者学习 C# 的程序结构。

【代码 1-1】

```
using System;
using System.Collections.Generic;
using System.Linq;
using System.Text;                    //导入命名空间
namespace ConsoleApplication1        //自定义 ConsoleApplication1 命名空间
{                                    // ConsoleApplication1 命名空间的开始大括号
    class Program                    //自定义 Program 类
    {                                // Program 类的开始大括号
        static void Main(string[] args)  //入口方法 Main
        {                            // Main 的开始大括号
            Console.WriteLine("欢迎进入 C# 世界！"); //向屏幕输出信息
        }                            // Main 的结束大括号
    }                                // Program 类的结束大括号
}                                    // ConsoleApplication1 命名空间的结束大括号
```

应用程序结构分析：

1~4 行为使用关键字 using 引入的 4 个命名空间；namespace 关键字定义声明与项目名相同的命名空间 "ConsoleApplication1"；class 用来声明类，Program 为类名；在类的内部定义了 Main 方法，方法内为向屏幕输出信息的程序语句。

C# 程序的运行是从主方法 Main 开始，一个程序只能包含一个主方法。Main 方法名后面的小括号里是方法的参数及其类型声明，其中 string[]表示的是字符串数组，方括号是数组的标记，参数 args 代表数组名。Main 方法的方法体内只有一条语句，用以输出内容。

Visual Studio 2008 自动生成的代码中有些是蓝颜色的标识符，这些标识被称为关键字。关键字是在特定的语言环境中含义明确、不能用作其他用途的标识符。下面简单介绍一下上述代码中几个关键字的含义。

using：引入命名空间。所谓命名空间就是定义代码的范围空间，用一个名字来指代，以便使用定义存放在那里的代码。例如 Console 类位于 System 命名空间，用于处理控制台窗口的输入与输出。通过 using 指令导入 System 命名空间后就可以直接使用 Console 类中的方法，否则，只能通过全名 System.Console 方式来引用该类。

namespace：定义、声明命名空间的关键字，后面跟的是命名空间的名称。

class：定义、声明类，后面跟的是类的名称。

static：表示静态的修饰符，可以修饰类、方法等。

void：表示方法的返回类型是空的，没有返回值。

string：用来声明字符串变量。

步骤4 按【Ctrl+F5】快捷键，或如图 1-18 所示执行"调试"→"开始执行（不调试）"菜单命令，这样可以不进行调试而直接运行程序，运行结果如图 1-19 所示。

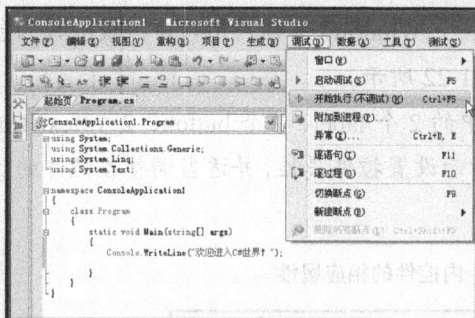

图 1-18　开始执行(不调试)的方法　　　　图 1-19　不调试运行后的界面

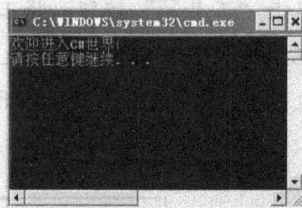

提示　　　图 1-19 中的"请按任意键继续…"语句是在不调试运行的状态下系统自动添加的，并不是用户使用程序控制的结果。

步骤5 如果程序需要调试则可以按【F5】键，或执行"调试"→"启动调试"菜单命令。若程序有错误，系统将提示错误（例如可将 WriteLine 中的 L 删除），如图 1-20 所示；若程序没有错误，系统将正常运行，此时窗口一闪之后就关闭，用户看不到运行结果，因此可以在 Main 方法的最后一行加上如下代码：

```
Console.ReadLine();
```

单击【F5】键后可以看到如图 1-21 所示的运行结果，这个界面与图 1-19 并不相同，请读者仔细观察。

图 1-20　出现错误后的提示对话框　　　　图 1-21　调试后的运行界面

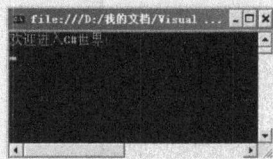

步骤6 要停止调试，可以按【Shift+F5】组合键，或执行"调试"→"停止调试"菜单命令。

任务实施二——创建 Windows 窗体应用程序

创建一个 Windows 窗体应用程序，内容为用户的登录界面。

实施步骤

步骤1 启动 Visual Studio 2008，执行"文件"→"新建"→"项目"菜单命令，在打开的"新建项目"对话框中选择"Windows 窗体应用程序"选项，然后输入应用程序名并选择应用程序存放的位置。

步骤2 单击"确定"按钮后，便创建了一个 Windows 窗体应用程序。该项目只包含一个名为 Form1 的空白窗体，如图 1-22 所示。

步骤3 单击"工具箱"按钮，将工具箱中的 2 个 label、2 个 button、2 个 textBox 控件拖拽到 Form1 窗体中。按表 1-1 所示设置控件属性，并适当调整各控件的位置、大小，窗体效果如图 1-23 所示。

表 1-1　Form1 内控件的相应属性

控　件	属　性
label1	Text=用户名
label2	Text=密码
textBox2	PasswordChar=*
button1	Text=确定
button2	Text=取消

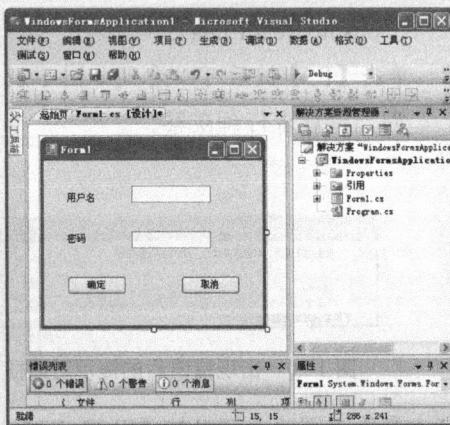

图 1-22　创建一个新的 Windows 窗体应用程序　图 1-23　调整后的 Windows 窗体应用程序

步骤4 双击"确定"按钮，系统将自动切换到 Form1.cs 代码编辑窗口，在 button1 的 Click 事件方法中输入用以显示相关信息的代码；在 button2 的 Click 事件方法中输入用以清空文本框值的代码。代码内容如【代码 1-2】所示。

【代码 1-2】

```csharp
    private void button1_Click(object sender,EventArgs e)
    {
       MessageBox.Show(textBox1.Text+textBox2.Text+
                            ",口令正确！欢迎您进入 C# 世界！");//弹出提示框
    }
    private void button2_Click(object sender,EventArgs e)
    {
       textBox1.Text="";                      //清空用户名
       textBox2.Text ="";                     //清空密码
    }
```

在 Windows 窗体程序中，除了窗体及其对应的代码外，还有一个包含主方法 Main 的入口类 Program。可双击 Program.cs 查看其全部代码。本例的代码如下：

```csharp
using System;
using System.Collections.Generic;
using System.Linq;
using System.Windows.Forms;
namespace WindowsFormsApplication1
{
    static class Program
    {
        /// <summary>
        /// 应用程序的主入口点。
        /// </summary>
        [STAThread]
        static void Main()
        {
            Application.EnableVisualStyles();
          //此方法为应用程序启用可视样式，需在应用程序中创建任何控件之前调用
            Application.SetCompatibleTextRenderingDefault(false);
```

//在应用程序范围内设置控件显示文本的默认方式，true 表示以 GDI+方式显示文本，false 表示以 GDI 方式显示文本

> GDI 是 Graphics Device Interface 的缩写，含义是图形设备接口。它的主要任务是负责系统与绘图程序之间的信息交换，处理所有 Windows 程序的图形输出。GDI+是 GDI 的增强版本。

```
Application.Run(new Form1());
//程序启动时首先加载 Form1 窗体
    }
  }
}
```

步骤 5 按【F5】键调试程序，在弹出的登录页面中输入用户名和密码，单击"确定"按钮后会出现一个信息提示框，效果如图 1-24 所示。若想重新输入内容，则单击"取消"按钮，文本框中的内容将被清空。至此，我们创建了一个简单的 Windows 窗体应用程序。

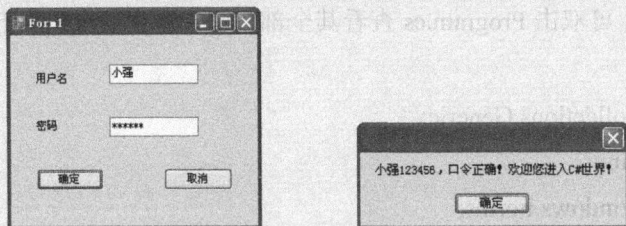

图 1-24　程序运行效果

任务实施三——创建 WPF 应用程序

创建一个简单的 WPF 应用程序，在单击"确定"按钮时弹出欢迎信息。

实施步骤

步骤 1 若 Visual Studio 2008 软件尚在运行，且前一个项目还没有关闭，可选择"文件"→"关闭解决方案"命令，关闭当前正在运行的应用程序。

步骤 2 根据任务二中的方法打开"新建项目"对话框，在该对话框中选择"创建 WPF 应用程序"选项，并设置"名称""位置""解决方案名称"等值。

步骤 3 单击"确定"按钮后，一个空白的 WPF 应用程序被创建，该项目只包含了一个空的 Window1 窗口，如图 1-25 所示。

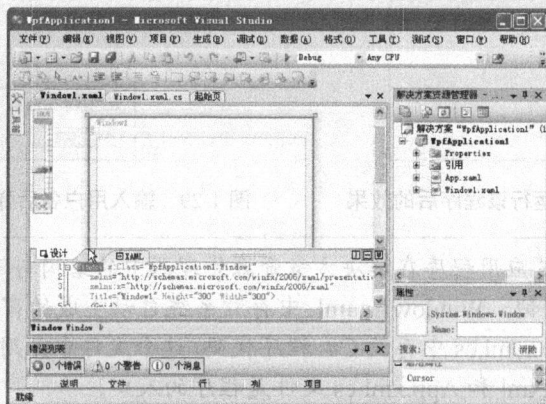

图 1-25　创建 WPF 应用程序

步骤 4　将窗口切换到 Window1.xaml 设计视图，将工具箱"通用"类别中的 Label，TextBox，Button 按钮拖拽到 Window1 中，添加控件后的效果如图 1-26 所示。接下来按表 1-2 所示修改相关控件的属性，并调整控件和窗口大小，最终效果如图 1-27 所示。

表 1-2　Form1 内控件的相应属性

控　件	属　性
Label1	Content=请输入您的用户名：
Button1	Content=确定

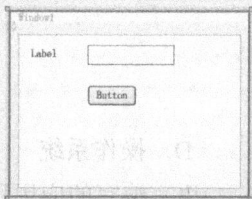

图 1-26　添加控件后的效果　　　　图 1-27　修改控件属性后的效果

步骤 5　双击"确定"按钮，VS 将活动窗口切换到 Window1.xaml.cs 代码窗口下，在 Button1 的 Click 事件方法中输入如下代码：

```
MessageBox.Show("欢迎"+textBox1.Text+"进入 WPF 世界！ ");
```

步骤 6　按【F5】键调试该程序，运行效果如图 1-28 所示。输入用户名后单击"确定"按钮，系统将弹出相应提示，效果如图 1-29 所示。至此，我们就创建了一个简单的 WPF 应用程序。

图 1-28 运行该程序后的效果　　　图 1-29 输入用户名后弹出提示信息

> WPF 应用程序在解决方案资源管理器中的结构与 Windows 窗体应用程序类似：Window1.xaml 中存放系统自动生成的窗体和控件信息；Window1.xaml.cs 中存放 C# 程序代码，这个文件中是用户编程常用的文件；App.xml 和 App.xml.cs 文件是程序的入口。

项目总结

项目一简单介绍了 C# 的基本知识。在任务一中介绍了 C# 的开发环境 Microsoft Visual Studio 2008 的安装与使用，任务二中创建了 3 种常用的应用程序，通过具体案例的方式使读者对 C# 有进一步的了解。读者在学完本项目内容后，应重点掌握以下知识：

➢ Microsoft Visual Studio 2008 的安装方法及 VS 的基本操作。
➢ 控制台应用程序、Windows 窗体应用程序与 WPF 应用程序的异同。
➢ C# 程序的基本结构。

项目考核

一、选择题

1. C# 是一种面向_____的语言。
   A. 机器　　　　B. 过程　　　　　　C. 对象　　　　　　D. 操作系统
2. 在 Visual Studio 2008 中，用户不能开发_____语言编写的应用程序。
   A. Java　　　　B. C++　　　　　　C. C#　　　　　　　D. VB
3. Visual Studio 2008 中，在_____窗口中可以查看当前项目的类和类型的层次信息。
   A. 解决方案资源管理器　　　　B. 类视图
   C. 工具箱窗口　　　　　　　　D. 属性窗口
4. C# 程序的运行是从_____开始的。
   A. 按钮的单击事件　　　　　　B. 自定义的方法
   C. 主方法 Main　　　　　　　　D. 随机

二、简答题

1. 简述 VS 和 C# 的关系。
2. 简述控制台应用程序、Windows 窗体应用程序与 WPF 应用程序的异同。
3. 简述命名空间的含义。

项目实训

实训一　创建控制台应用程序

使用 C# 语言在 VS 中创建控制台应用程序，要求程序运行效果如图 1-30 所示。

实训二　创建 Windows 窗体应用程序

在 VS 中创建 Windows 窗体应用程序，要求程序运行效果如图 1-31 所示。

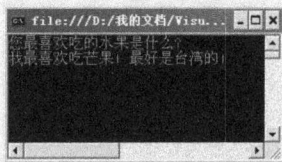

图 1-30　控制台应用程序运行效果　　　　　图 1-31　Windows 应用程序运行效果

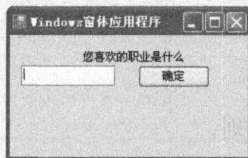

实训三　创建 WPF 应用程序

在 VS 中创建 WPF 应用程序，要求程序运行效果如图 1-32 所示。

图 1-32　WPF 应用程序运行效果

项目二 C# 语法基础
——学好 C# 语言的基石

项目导读

C# 是由 C 和 C++ 衍生出来的面向对象的编程语言，因为这种继承关系，C# 与 C/C++具有极大的相似性，因此，在基础语法部分，我们略去了 C# 与先导课程 C/C++中内容相同的部分，如常量和变量的定义，基础运算符和表达式的使用，if 分支语句、for 循环和 while 循环语句的使用等。在本项目中只讲述 C# 中独有的一些语法基础。

知识目标

- 熟悉 C# 的基本编码规则。
- 熟悉一些特殊运算符的使用方法。
- 熟悉常用数据类型并掌握数据类型的转换方法。
- 熟悉 C# 中 switch 语句和 foreach 语句的使用方法。

任务一 熟悉 C# 中的基础语言元素

任务说明

在本任务中我们将学习 C# 的基本编码规则和基础语言元素。

预备知识

一、基本编码规则

（一）标识符和保留字

日常生活中，我们指某个东西或称呼某个人，都要用它或他的名字。同样，在计算机语言中，对于常量、变量、类、方法等也要定义名字，这些名称统称为标识符。

　　生活中起名字时有一定的规矩，一般情况下，第一个字为父亲或母亲的姓氏，后面为一个或两个字。C# 语言中，标识符是以字母、下划线（_）或@开始的一个字符序列，后面可以跟字母、数字或下划线。另外，需要注意的是，C# 语言区分大小写，例如，Elen 和 elen 是两个不同的标识符。一般情况下，变量名首字母小写，后面各单词首字母大写；常量、类名、方法、属性等首字母需大写。

　　保留字又称关键字，是指 C# 语言中已经定义过的字符，它们具有专门的意义和用途，使用者不能再将这些字符作为变量名或过程名使用。表 2-1 所示为 C# 中的关键字。

表 2-1　C# 中的关键字

abstract	event	new	struct	as	explicit	null
switch	base	extern	object	this	bool	false
operator	throw	break	finally	out	true	byte
fixed	override	try	case	float	params	typeof
catch	for	private	uint	char	foreach	protected
ulong	checked	goto	public	unchecked	class	if
readonly	unsafe	const	implicit	ref	ushort	continue
in	return	using	decimal	int	sbyte	virtual
default	interface	sealed	volatile	delegate	internal	short
void	do	is	sizeof	while	double	lock
stackalloc	else	long	static	enum	namespace	string

> **提示**　　C# 语言中的保留字均用小写字母表示。若一定要用 C# 保留字作标识符，应使用@字符作为前缀。

（二）书写规则

为方便阅读，在书写 C# 语言代码时，需遵循以下规则：

① 每条语句以分号 ";" 结尾（注意：需要在英文状态下输入）。

② 尽量每行只放置一条语句。

③ 编写语句块时垂直对齐左括号和右括号，如下所示：

```
for (i = 0; i < 100; i++)
{
}
```

或者使用倾斜样式，即左括号出现在行尾，右括号出现在行首，如下所示：

```
for (i = 0; i < 100; i++){
```

```
}
```

④ 对同一级别的语句建立标准的缩进大小（如 4 个空格），并在整个文件中一致地使用此标准。C# 语言在编译时将忽略空行和缩进。

> **提示**　在 VS 中，选择"工具栏"→"选项"菜单命令，在打开的"选项对话框"左侧依次展开"文本编辑器"→"C#"→"制表符"结点，用户可以自定义有关缩进的设置，如图 2-1 所示。

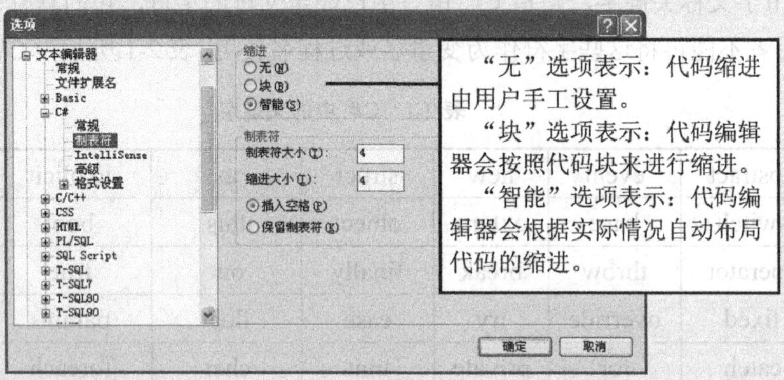

"无"选项表示：代码缩进由用户手工设置。

"块"选项表示：代码编辑器会按照代码块来进行缩进。

"智能"选项表示：代码编辑器会根据实际情况自动布局代码的缩进。

图 2-1　设置自动缩进

⑤ 为语句添加必要的注释，增加代码的可读性。

下面我们来看一段符合书写要求的代码，如【代码 2-1】所示。

【代码 2-1】窗体程序的入口程序。

```csharp
namespace WindowsFormsApplication1
{
    static class Program
    {
        /// <summary>
        /// 应用程序的主入口点。
        /// </summary>
        [STAThread]
        static void Main()
        {
            Application.EnableVisualStyles();
            Application.SetCompatibleTextRenderingDefault(false);
            Application.Run(new Form1());
        }
```

```
        }
    }
```

（三）注释的表示方式

在 C# 语言中，有以下 3 种类型的注释方法。

（1）注释一行

若注释内容较短，只在一行上就可标注清楚，此时采用两个斜线"//"标注在注释内容前，以将程序与注释隔开。

（2）注释多行

若注释内容较长，在一行上不能标注清楚，此时采用"/*"标注在注释内容前，"*/"标注在注释内容结束处。当然，多行注释的方式也可以用于注释单行文本。

（3）XML 注释方式

在 .NET 框架中，微软引入了一种新的注释格式，以 3 个反斜杠"///"开头，并且包含 XML 标签（参见【代码 2-1】），这种注释方式称为 XML 注释或文档注释方式。

C# 解析器可以把代码文件中的这些 XML 标记提取出来，经过进一步处理就可以成为外部帮助文档。引入这种注释方式后可省去编程人员大量后期工作。

二、一些特殊的运算符

除了常见的算术、逻辑、关系和赋值运算符外，C# 中还有一些其他的运算符，这些运算符在后面的学习中会陆续使用到，这里只进行简单的介绍。

（1）点运算符"."

点运算符用于指定类型或命名空间的成员，例如：

```
txtName.Text = "张三";          //让文本框内显示"张三"这两个字
string str = txtName.Text;       //把 Text 属性的值赋给字符串变量 str
```

（2）索引运算符"[ ]"

索引运算符用于数组、索引器，表示按[ ]内指定的索引去访问数组或索引器中的相应元素的内容。

（3）转换运算符"( )"

圆括号除了用于指定表达式中的运算顺序外，还用于指定强制转换或类型转换，例如：

```
x + (y + z)        //把 y + z 用圆括号括起来表示先执行 y + z
(int)12.3          //表示把 Double 类型的值 12.3 强制转换为整型，结果为 12
(char)97           //表示把整数值 97 强制转换为字符类型，结果为 a
```

（4）checked 和 unchecked 运算符

对整数执行操作时，其值可能超出该数据类型的范围，请看下面的代码：

```
byte b = 255;
b++;
Console.WriteLine(b.ToString());
```

byte 数据类型只能包含 0~255 的数，所以执行 b++语句时会导致溢出。为此，C# 提供了 checked 和 unchecked 运算符。如果将一个代码块标记为 checked，CLR 就会执行溢出检查；若发生溢出，就抛出异常。更改上述代码如下：

```
byte b = 255;
checked
{
    b++;
}
Console.WriteLine(b.ToString());
```

运行这段代码，系统将会抛出异常。

如果要禁止溢出检查，可以把代码标记为 unchecked。代码如下：

```
byte b = 255;
unchecked
{
    b++;
}
Console.WriteLine(b.ToString());
```

运行这段代码不会抛出异常，但会丢失数据——因为 byte 数据类型不能包含 256，溢出的位会被丢掉，所以 b 变量得到的值是 0。

（5）is 运算符

is 运算符用于检查对象是否与给定类型兼容。例如，可以确定对象是否与 string 类型兼容，代码如下：

```
int i = 10;
if (i is string)
{
}
```

如果所提供的表达式非空，并且所提供的对象可以强制转换（参见任务二中类型转换的知识）为所提供的类型而不会引发异常，则 is 表达式的计算结果将是 true。

（6）as 运算符

as 运算符用于执行引用类型的显式类型转换，若不成功则返回 null，常被用在以下形式的表达式中：

```
    expression   as   type
```

此处 expression 为引用类型的表达式，type 为引用类型。此表达式等效于

```
    expression   is   type  ?  (type)expression  :  (type)null
```

下面我们来看一个应用 as 运算符的案例，判断数组中存储的是否为字符串，代码如下：

```
public static void Main()
 {
     object [] myObjects = new object[4];
     myObjects[0] = "hello";
     myObjects[1] = 123;
     myObjects[2] = 123.4;
     myObjects[3] = null;
     for (int i=0; i<myObjects.Length; ++i)
     {
       string s = myObjects[i] as string;
       Console.Write ("{0}:", i);
       if (s != null)
           Console.WriteLine ("'" + s + "'" );
       else
           Console.WriteLine ("not a string");
     }
 }
```

输出结果为

```
0:'hello'
1:not a string
2:not a string
3:not a string
```

（7）new

new 运算符用于创建对象和调用构造函数，例如：

Class1 MyClass = new Class();

也可用于为值类型调用默认的构造函数，例如：

int myInt = new int();

在上述语句中，myInt 初始化为 int 类型的默认值 0，该语句的效果等同于

int myInt = 0;

（8）typeof

typeof 运算符用于获得系统原型对象的类型，即返回一个表示特定类型的 System.Type 对象。例如，typeof(int) 表示返回 System.Int32 类型的 Type 对象。

提示　　C# 中运算符的优先级情况可参见附录。

三、数据类型与数据类型间的转换

（一）数据类型

C# 是强类型的编程语言，对于程序中的每一个用于保存信息的量，在使用时都必须声明其数据类型，以便编译器为它分配内存空间。

按照不同的划分方法，C# 语言的数据类型有以下两种划分方式。

1．内置类型和构造类型

内置类型也称为预定义类型，是 C# 预先设置的无法再分解的一种数据类型。每种内置类型都有其对应的公共语言运行库类型（或称为.NET Framework 数据类型）。而构造类型是在内置类型基础上构造出来的类型。如图 2-2 所示。

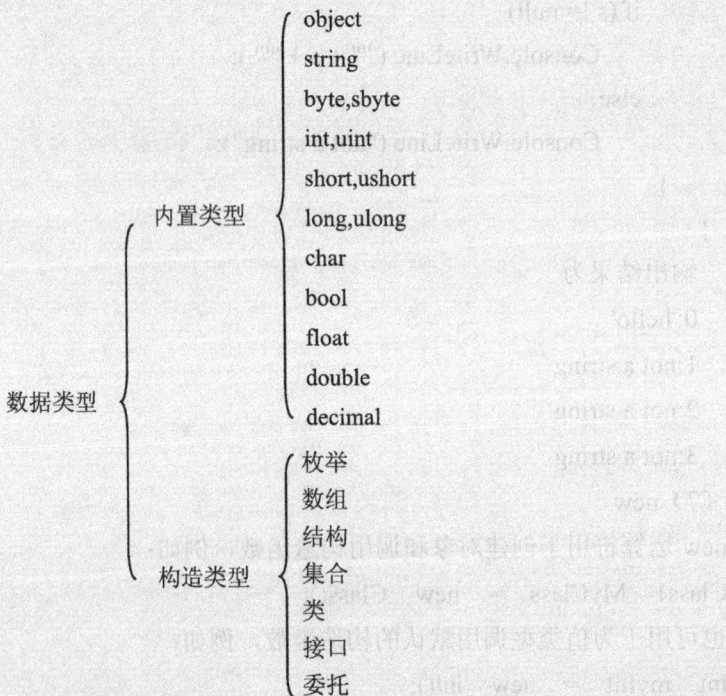

图 2-2 内置类型和构造类型

内置类型：
- object
- string
- byte,sbyte
- int,uint
- short,ushort
- long,ulong
- char
- bool
- float
- double
- decimal

构造类型：
- 枚举
- 数组
- 结构
- 集合
- 类
- 接口
- 委托

2. 值类型与引用类型

按照数据存储位置的不同，数据类型可以划分为值类型和引用类型，如表 2-2 所示。其中，值类型又可以分为简单类型、枚举类型和结构类型；引用类型又可以分为类类型、接口类型、数组类型和委托类型。

表 2-2 值类型与引用类型

类 别		描 述
值类型	简单类型	有符号整型：sbyte,short,int,long
		无符号整型：byte,ushort,uint,ulong
		Unicode 字符：char
		IEEE 浮点型：float,double
		高精度小数：decimal
		布尔型：bool
	枚举类型	用户自定义类型：enum
	结构类型	用户自定义类型：struct
引用类型	类类型	所有其他类型的最终基类：object
		Unicode 字符串：string
		用户自定义类型：class
	接口类型	用户自定义类型：interface
	数组类型	一维与多维数组，例如，int[ ],int[,]
	委托类型	用户自定义类型：delegate

值类型变量存放的是数据本身。把一个值类型变量赋给另一个值类型变量，会创建同一个数据的两个相同副本，改变其中一个值的数据不会影响另一个。

引用变量存储的是数据的引用，即像指针一样，存放的是该值的地址；传值时传递的也是引用值的地址。当一个引用变量赋给另一个引用变量，会在内存中创建对同一个位置的另一个引用。此时，通过一个引用对所引用的对象进行某些操作也将反映到另一个引用上。

（1）值类型

1）简单类型

简单类型是值类型最常用到的数据类型，具体包括整型数据类型、浮点数类型、布尔类型和字符类型。表 2-3 所示为简单类型在 .NET 架构中的名称、占用空间、取值范围和精度等信息。

表 2-3　C# 简单数据类型

类型	类型名	.NET Framework 类型名	占字节数	数值范围
byte 型	byte	System. Byte	1	−128~+127
短 byte 型	sbyte	System.SByte	1	0~255
短整型	short	System.Int16	2	−32 768~+32 767
无符号短整型	ushort	System.UInt16	2	0~65 535
整型	int	System.Int32	4	−2 147 483 648~+2 147 483 647
无符号整型	uint	System.UInt32	4	0~4 294 967 295
长整型	long	System.Int64	8	−9 223 372 036 854 775 808 ~ +9 223 372 036 854 775 807
无符号长整型	ulong	System.UInt64	8	0~18 446 744 073 709 551 615
字符型	char	System.Char	2	所有 Unicode 编码
布尔型	bool	System.Boolean	1	true 或 false
单精度型	float	System.Single	4	±1.5e−45~±3.4e28 精度为 7 位
双精度型	double	System.Double	8	±5.05e−324~±1.7e308 精度为 15 位
高精度小数	decimal	System.Decimal	16	±1.0×10e−28~±7.9×10e28 精度为 28 位

提示　　C# 中的预定义类型并没有内置于 C# 语言中，而是内置于.NET Framework 中。例如，在 C# 中声明一个 int 类型的数据时，声明的实际上是 .NET 结构 System.Int32 的一个实例。

① 整型数据类型

整型数据类型是指变量的值为整数的值类型，C# 语言提供了以下四种整型数据类型：

➢ **整数**：包括 int 和 uint 两种类型。int 类型的变量是带符号的，既可以为正也可以为负，占用 4 字节（32 位）；uint 表示无符号整数类型，也占用 4 字节（32 位）。

➢ **短整型**：包括 short 和 ushort 两种类型。之所以称为短整型是因为该数据类型与整数类型相比，短整型表示的数据范围比整数类型表示的数据范围要小。

➢ **长整型**：包括 long 和 ulong 两种类型。若要表示的数据值太大，不能用整型表示，这时就需要定义一个长整型的数据类型。

➢ **byte 型**：包括 byte 和 sbyte 两种类型。当需要表示的数据比较小时，可以用 byte 型数据，byte 型数据占用 1 字节（8 位）。

> 若对一个整数没有任何显式声明，则该变量默认为 int 类型。为将整数值指定为某个整数类型，需要在数字后面添加对应的后缀字符（后缀字符不区分大小写）。例如：
>
> uint ui = 1234U;
>
> long l = 1234L;
>
> ulong ul = 1234UL;

② 浮点数类型

浮点数类型用于表示带有小数的数据，常用的浮点数类型有 float（单精度）类型和 double（双精度）类型，两者的差别在于取值范围和精度不同。在对精度要求不高的计算中，可以采用单精度型，而采用双精度的结果将更为精确。

另外，decimal 类型也可以表示带小数的数据，它主要是为了方便在金融和货币方面的计算。

> 与整数类型类似，浮点数类型默认为 double 类型。要明确指定某个浮点数类型，也需要使用后缀字符。其中，float 类型的后缀字符为 F，decimal 类型的后缀字符为 M。

③ 布尔类型

在编写应用程序的流程时，最常用的判断条件就是判断某个变量值的真假，这时的变量所属类型即为布尔类型。在 C# 语言中，布尔类型只能有两种取值：true 或 false。

④ 字符类型

字符包括数字字符（0～9）、英文字母（a～z，A～Z）、特殊符号（%，@，# 等）。

2）枚举类型和结构类型

枚举类型和结构类型都是自定义数据类型：枚举类型是一种独特的值类型，用于声明一组命名的常数；结构类型可以定义 C# 的任何基本数据类型的组合，在结构类型中还可以定义另一个结构类型。关于这两种类型将在后面的章节中详细讲述。

（2）引用类型

C# 中的引用类型包括类类型、接口类型、数组类型和委托类型。同样，这些知识我们将在后续的课程中学习。

（二）数据类型间的转换

C# 语言中类型转换的方法有两种：隐式转换和显式转换。

1. 隐式转换

隐式转换是系统默认的不必加以说明就可以进行的转换。具体的转换规则如下：

① 字符类型可以隐式转换为整型或浮点型，但其他类型不能隐式转换为字符类型。

② 低精度的类型可以隐式转换成高精度的类型，反之则不行。

③ 浮点型和 decimal 类型之间不能进行隐式转换，而只能进行显式转换。

2. 显式转换

如果希望将高精度数据转换为低精度数据，必须使用强制转换表达式将源类型转化为目标类型，这种数据类型转换方式称为显式转换，又叫强制转换。

各数据类型可以显式转换的数据类型如表 2-4 所示。

表 2-4 各数据类型可以显式转换的数据类型

原类型	可以转换的类型
sbyte	byte,ushort,uint,ulong 或 char
byte	sbyte 或 char
short	sbyte,byte,ushort,uint,ulong 或 char
ushort	sbyte,byte,short 或 char
int	sbyte,byte,short,ushort,uint,ulong 或 char
uint	sbyte,byte,short,ushort,int 或 char
long	sbyte,byte,short,ushort,int,uint,ulong 或 char
ulong	sbyte,byte,short,ushort,int,uint,long 或 char
char	sbyte,byte 或 short
float	sbyte,byte,short,ushort,int,uint,long,ulong,char 或 decimal
double	sbyte,byte,short,ushort,int,uint,long,ulong,char,float 或 decimal
decimal	Sbyte,byte,short,ushort,int,uint,long,ulong,char,float 或 double

与隐式转换不同，显式转换需要使用强制转换运算符且必须指明要转换的类型。C#

支持三种显式转换方式。

（1）通过圆括号"（ ）"

转化格式为

(目标类型)　<表达式>

例如，将 long 类型转化为 int 型，代码如下：

long　i = 45;

int　j = (int) i;

（2）通过 Convert 类

Convert 类位于 System 命名空间，该类的方法都是静态方法，可以通过"Convert.方法名(参数)"形式来使用，用于将一个值类型转换成另一种类型。其中常用的方法如表 2-5 所示。

表 2-5　Convert 类方法说明

方　法	说　明
Convert.ToBoolean	转换为布尔值
Convert.ToChar	转化为 Unicode 字符
Convert.ToDecimal	转化为 Decimal 数
Convert.ToDouble	转化为双精度浮点数
Convert.ToInt32	转化为 32 位有符号整数

提示

Convert 类中的方法并未全部列出，关于其他的方法，读者可参阅 msdn 或表 2-4 中简单数据类型的 .NET Framework 类型名。

（3）通过数据类型自身的 Parse 方法

在 .NET Framework 类库的 System 命名空间里，任何系统预定义的数据类型都有其同名的类。Parse()方法就是这些类的一种静态方法，作用是把 Parse()方法中给定的内容转换为调用该方法的类类型数据。

例如，Int32.Parse("数字字符串")或 Int.Parse("数字字符串")即表示将数字字符串转换为 32 位有符号整数。

下面看一段求圆面积的代码：

```
class Program
    {
        static void Main(string[] args)
```

```
{
    const double Pi = 3.14159265;
    double r, s;
    Console.WriteLine("请输入圆的半径");
    r = double.Parse(Console.ReadLine());          //显式数据类型转换
    s = Pi * r * r;
    Console.WriteLine("圆的面积是{0}", s);
}
}
```

在 C# 中，所有数据类型都有 Tostring() 方法。因此，由值转化为字符串时就又多了一种方式。例如：

int i = 100; string   str = i.Tostring();

此时，读者也许会有疑问: i.Tostring() 和 Convert.ToString 有什么区别呢？

一般情况下，这两种方法都可以通用，但是当返回的数据类型中有可能出现 null 值时，若调用 Tostring 方法，会返回 NullReferenceException 异常；若使用 Convert.ToString()方法，不会抛出异常而是返回空字符串。用户可以根据需要选择转换方法。

本任务中我们主要学习了值类型数据的转换，引用类型的转换将在后面陆续介绍。

任务实施——绘制梦幻曲线

数学有着无穷的奥秘，应用一些数学公式就能够画出美轮美奂的图形和曲线。在本任务中，我们将创建一个窗口程序，单击窗口中的按钮即可画出一个花瓣形的梦幻曲线，如图 2-3 所示。

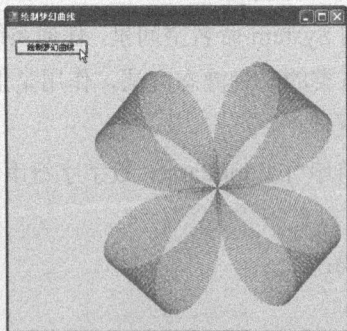

图 2-3　绘制梦幻曲线

在 VS 中创建一个窗口程序，在该窗口中添加一个按钮，然后在按钮的单击事件中编写绘制梦幻曲线的代码。

花瓣图形是由无数线段组成的，这些线段是由正弦函数和余弦函数设置的两点坐标 $(x_1，y_1)$ 和 $(x_2，y_2)$ 之间绘制的直线。

实施步骤

步骤 1 启动 VS，执行"文件"→"新建"→"项目"菜单命令，在弹出的"新建项目"对话框中选择新建"Windows 窗体应用程序"后，单击"确定"按钮。选中新建的 Form1 窗体，然后单击工具箱按钮，将"所有 Windows 窗体"组中的 button 按钮拖入 Form1 窗体左上方并更改 Form1 窗体和 button 按钮的属性，将其显示的文字改为"绘制梦幻曲线"，如图 2-4 所示。

步骤 2 调整窗体和按钮的大小，然后双击该按钮，打开按钮的单击事件函数编写窗口，编写绘制梦幻曲线的代码，如【代码 2-2】所示。

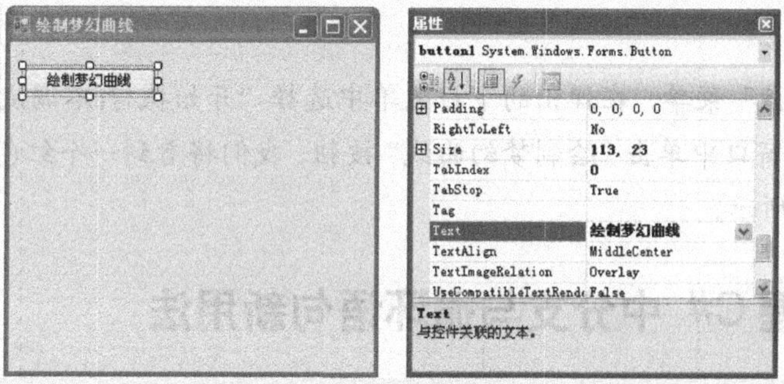

图 2-4　更改窗体和按钮属性

【代码 2-2】绘制梦幻曲线。

```csharp
private void button1_Click(object sender, EventArgs e)
{
    float A, E, M_PI, x1, y1, x2, y2;
    int D, i;
    D = 100;
    M_PI = 3.1415926535897932f;    //圆周率，以 f 结尾表示以 float 类型存储数据
    //绘制图形
    for (i = 0; i <= 720; i++)
    {
        A = i * M_PI / 360;
        E = (float)(D * (1 + System.Math.Sin(4 * A)));
```

```
// (float)用于将数据进行强制数据类型转换
x1 = (float)(320 + E * System.Math.Cos(A));
x2 = (float)(320 + E * System.Math.Cos(A + M_PI / 5));
y1 = (float)(240 + E * System.Math.Sin(A));
y2 = (float)(240 + E * System.Math.Sin(A + M_PI / 5));
Pen pen = Pens.Red;                          //设置画笔颜色为红色
Graphics gdi = this.CreateGraphics();        //生成 Graphics 对象
gdi.DrawLine(pen,x1,y1,x2,y2);
//使用 DrawLine 方法在点(x1,y1)和点(x2,y2)间画一条直线
```

> **提示**　该方法的函数原型为 public void DrawLine(Pen pen, float x1, float y1, float x2, float y2)，因此前面参数均设置为 float 型。

```
    }
}
```

步骤3　打开"调试"菜单，在弹出的下拉菜单中选择"开始执行(不调试)"选项，在弹出的程序窗口中单击"绘制梦幻曲线"按钮，我们将看到一个红色的花瓣图形，如图 2-3 所示。

任务二　掌握 C# 中分支与循环语句新用法

任务说明

C# 中基础运算符和表达式的使用，if 分支语句、for 循环和 while 循环语句的使用与 C/C++中相似，这里我们只介绍分支与循环语句的不同：一是 switch 语句的用法不太相同，二是新增加了 foreach 语句。

预备知识

一、switch 语句

switch 语句的一般形式如下：
switch (表达式)
{
    case 常量表达式 1:

```
        语句组 1;
        break;
    case 常量表达式 2:
        语句组 2;
        break;
    ……
    case 常量表达式 n:
        语句组 n;
        break;
    default:
        语句组 n+1;
        break;
}
```

该语句的功能是：首先计算 switch 语句中表达式的值（表达式一般为整型、字符或字符串类型），当表达式的值与某一个 case 后面常量表达式的值匹配时，就执行该 case 后面的语句，执行完后退出 switch 语句；若表达式的值与所有 case 后面的常量表达式的值都不匹配，则执行 default 后面的语句。

使用 switch 语句时应注意以下几点：

① 每个 case 后面的常量表达式必须各不相同，否则会出现矛盾，即一个值有多种选择。

② 各个 case 语句和 default 语句出现的顺序对执行结果没有影响。

③ 在每一个 case 后面，都必须有一个跳转语句（如 break,goto 等）。C# 中不支持 C 或 C++ 中的"贯穿原则"（即某若 case 语句后面没有 break，则执行完 case 语句后不再进行判断，程序将转到下一个 case 语句继续执行）；如果要在执行一个 case 语句后继续执行另一个 case 语句，则必须使用显式的 goto case 或 goto default 语句。

下面以一个具体的例子说明 switch 语句的这种用法，当 grade 值为'A','B'或'C'时均为及格，为其他值时为不及格，在 C++中可以表示如下：

```
switch(grade)
{
    case 'A':
    case 'B':
    case 'C':
        cout<<"及格\n"; break;          //grade 值为'A','B'或'C'时均为及格
    default:
```

```
        cout<<"不及格\n";break;        //grade 值为其他值时为不及格
}
```

但在 C# 中上述表示方法是错误的，正确的代码如下：

```
switch(grade)
{
    case 'A':
        goto case 'C';
    case 'B':
        goto case 'C';
    case 'C':
        Console.WriteLine("及格!\n"); break;        //grade 值为'A','B'或'C'时均为及格
    default:
        Console.WriteLine("不及格! \n ");break;    //grade 值为其他值时为不及格
}
```

二、foreach 语句

foreach 循环主要针对数组和集合，语句格式为

foreach(类型 变量名 in 表达式)

        循环体语句;

类型和变量名用来声明循环变量，表达式对应集合，每执行一次循环语句，循环变量就依次取集合中的一个元素代入其中。需要注意的是，循环变量是一个只读型局部变量，如果试图改变它的值或将它作为一个 ref 或 out 类型的参数传递，都将在编译时引发错误。

> **提示**
>
> foreach 语句中的表达式必须是集合类型，如果该集合的元素类型与循环变量类型不一致，则必须有一个显式定义的从集合中的元素类型到循环变量元素类型的显式转换。
>
> 关于数组和集合的知识将在项目八中进行详细介绍。

下面来看一个 foreach 语句应用的案例。

```
using System;
class Test()
{
    public static void Main()
    {
```

```
        int[] list={10,20,30,40};              //定义数组
        foreach(int m in list)
        Console.WriteLine("{0}",m);
    }
}
```

程序执行结果为

10

20

30

40

任务实施——创建自动售货机程序

下面使用 switch 多分支条件语句创建简单的自动售货机程序。用户可以选择相应的商品，根据不同的商品系统提示不同的商品价格，运行效果如图 2-5 所示。

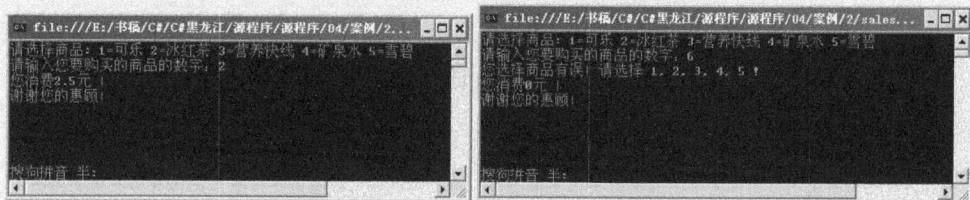

图 2-5　"自动售货机程序"运行效果图

实施步骤

步骤 1　启动 VS，创建一个控制台程序 sales，在 Program.cs 中输入【代码 2-3】。

【代码 2-3】输出所选商品价格。

```
static void Main(string[] args)
{
    Console.WriteLine("请选择商品:1=可乐 2=冰红茶 3=营养快线 4=矿泉水 5=雪碧");
    Console.Write("请输入您要购买的商品的代号: ");
    string num = Console.ReadLine();        //等待用户输入数字
    int n = int.Parse(num);                 //用于存储商品代号
    double price = 0;                       //用来存储顾客消费的金额
    switch (n)
    {
```

```
        case 1:
            price = 3.5;
            break;
        case 2:
            price = 2.5;
            break;
        case 3:
            price = 4.5;
            break;
        case 4:
            price = 1.0;
            break;
        case 5:
            price = 3.5;
            break;
        default:
            Console.WriteLine("您选择商品有误！请选择 1, 2, 3, 4, 5!");
            break;
        }
    price=price!=0?price:0;
    Console.WriteLine("您消费{0}元 ！ ", price);
    Console.WriteLine("谢谢您的惠顾！ ");
    Console.ReadKey();
}
```

步骤2 按【F5】键，调试程序，在弹出的程序窗口中输入商品数值，系统将显示相应商品的价格；若输入数值不在其显示范围内，将弹出相应提示，参见图 2-5 所示。

项目总结

项目二对 C# 的基本语法进行了简单介绍。任务一中介绍了 C# 中的基础语言元素，首先介绍了 C# 的基本编码规则，然后介绍了一些特殊运算符的使用，接下来介绍了数据类型及数据类型间的转化方法。任务二介绍了分支语句 switch 的用法以及新增循环语句 foreach 的用法。读者在学完本项目内容后，应重点掌握以下知识：

➢ C# 的基本编码规则。

➢ 特殊运算符的使用方法。

➢ 常用的数据类型及数据类型的转换方法。

➢ switch 和 foreach 语句的用法。

项目考核

一、选择题

1. C# 中每个 int 类型的变量占用_____个字节的内存。

　　A．1　　　　　　　B．2　　　　　　　C．4　　　　　　　D．8

2. 在 C# 中，表示一个字符串的变量应使用以下哪条语句定义?_____

　　A．CString str;　　　　　　　　B．string str;

　　C．Dim str as string　　　　　　D．char * str;

3. 使用 C# 语言编制财务程序，需要创建一个存储流动资金金额的临时变量，则应使用下列哪条语句?_____

　　A．decimal theMoney;　　　　　　B．int theMoney;

　　C．string theMoney;　　　　　　　D．Dim theMoney as double;

4. 在 C# 程序中，新建一字符串变量 str，并将字符串"Tom's Living Room"保存到串中，则应该使用下列哪条语句?_____

　　A．string str = "Tom\'s Living Room";　　B．string str = "Tom's Living Room";

　　C．string str("Tom's Living Room");　　　D．string str("Tom"s Living Room");

5. 小数类型（decimal）和浮点类型都可以表示小数，正确说法是_____。

　　A．两者没有任何区别　　　　　　　B．小数类型比浮点类型取值范围大

　　C．小数类型比浮点类型精度高　　　D．小数类型比浮点类型精度低

6. 可用作 C# 程序用户标识符的一组标识符是_____。

　　A．void　　define　　+WORD　　　B．a3_b3　　_123　　YN

　　C．for　　　－abc　　Case　　　　　D．2a　　　DO　　sizeof

7. 引用类型主要有 4 种：类类型、数组类型、接口类型和_____。

　　A．对象类型　　　B．字符串类型　　　C．委托类型　　　D．整数类型

8. 将变量从字符串类型转换为数值类型可以使用的类型转换方法是_____。

　　A．Str()　　　　　B．Cchar　　　　　C．CStr()　　　　　D．int.Parse()

9. 可以进行数据类型转换的类是_____。

　　A．Mod　　　　　B．Convert　　　　C．Const　　　　　D．Single

10．假设 float f = –127.56F，下面 4 条语句中，编译会出错的是_____。

    A．int i = f;   B．int i = (int)f;

    C．int i = int.Parse(f);   D．int i = Convert.ToInt32(f);

11．C# 中的类型 float 对应 .NET 类库中的_____。

    A．System.Single   B．System.Double

    C．System.Int32   D．System.Int64

12．有如下程序：

```
Using system;
Class Example1
{
    Public Static void main()
    {
        Int x=1,a=0,b=0;
        Switch(x)
        {
            Case 0:
                b++;break;
            Case 1:
                a++;break;
            Case 2:
                a++;b++;break;
        }
        Console.Writeline("a={0},b={1}",a,b);
    }
}
```

其输出结果是_____。

    A．a=2,b=1   B．a=1,b=1   C．a=1,b=0   D．a=2,b=2

二、简答题

1．举例展示显示转换和隐式转换的功能。

2．简述 for 与 foreach 语句的区别。

3．简述 C# 中 switch 语句的特点。

项目实训

实训一 编制简易贷款计算器程序

编写一个贷款计算器程序，根据给出的贷款数量、年利率和贷款周期，计算使用等额本息还款法时每月的还款数。程序运行结果如图 2-6 所示。

图 2-6 简易贷款计算器程序

提示：

月利率=年利率/12

每月还款额=[贷款金额×月利率×（1+月利率）^{还款月数}] / [（1+月利率）^{还款月数}−1]

Math 类中 Pow(double x, double y)方法用于返回指定数字（x）的指定幂（y）。

实训二 设计十二星座速配系统

利用 C# 的 switch 语句设计十二星座速配系统，其功能是输入十二星座中任意一个星座名称，则会显示与其最相匹配的星座名称及配对评语，运行效果如图 2-7 所示。

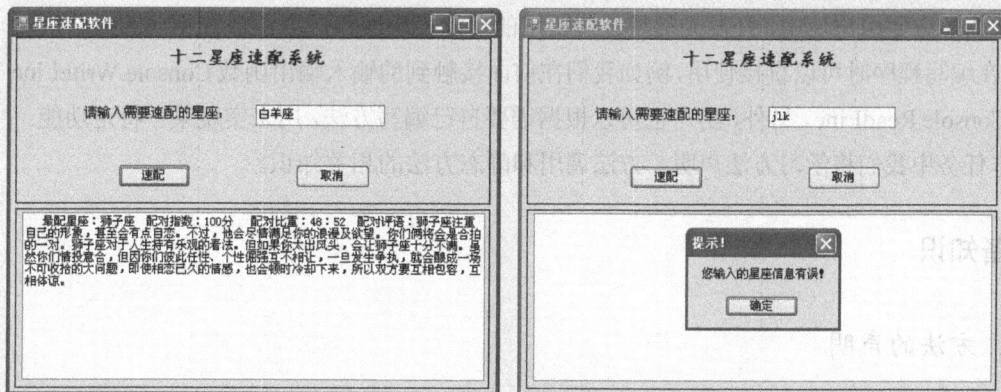

图 2-7 "十二星座速配系统"运行效果图

项目三 方法——完成工作的好帮手

项目导读

人们在求解一个复杂问题的时候，通常将其分解为若干个相对独立且功能单一的程序模块分别求解，然后通过在各个程序模块之间进行调用来实现总体的功能。这些程序模块在 C# 中称为"方法"，它是程序设计中实现某项功能的基本单位，是帮助程序员完成开发任务的重要帮手。

知识目标

- 掌握方法声明、方法调用和静态方法的相关知识。
- 掌握方法重载与运算符重载的相关知识。

任务一 掌握方法的声明与调用

任务说明

为了方便用户使用，开发人员将一些常用的功能模块编写成方法放在不同的命名空间中，在编写程序时可以直接使用，例如我们在前面接触到的输入输出函数 Console.WriteLine 和 Console.ReadLine。另外，用户也可以根据需要自己编写方法，用来实现某一特定功能。在本任务中我们将学习方法声明、方法调用和静态方法的相关知识。

预备知识

一、方法的声明

（一）方法声明的格式

C# 中的方法相当于 C 和 C++ 中的函数，是包含一系列语句的代码块，是类中的重要成员。方法的使用原则是先声明后使用，一次声明可多次、无限次地调用。方法必须放在类中声明，其声明的语法格式如下：

修饰符 返回类型 方法名（参数列表）

```
{

    方法体

}
```

例如，在 caculate 类中声明了一个实现两数相加的方法，代码如下：

```
class caculate                    //类名

{

    public int add(int x,int y)    //定义方法 add 完成加操作

    {

        int z;                    //定义变量 z

        z=x+y;                    //求和

        return z;                 //返回值

    }

}
```

下面具体介绍构成方法声明的几个部分。

➢ **修饰符**：访问权限修饰符是最常用的方法修饰符，用于声明方法的访问级别，具体含义如表 3-1 所示。此参数为可选参数，默认值为私有访问 private。除此之外，还有一些修饰符（如 static,virtual,override,new,sealed,abstract,extern）用来实现一些特殊功能，这些修饰符将在后面的章节中陆续介绍。

表 3-1 访问权限修饰符及其含义

访问权限修饰符	可访问性	访问权限说明
public	公有访问	可以任意访问
private	私有访问	只限于本类成员访问
protected	保护访问	只限于本类和子类访问
internal	内部访问	限于本程序集（Assembly）内所有类访问
protected internal	内部保护访问	限于本程序集内所有类和这些类的继承子类访问

注：C# 语言中，程序集是指类被组合后的逻辑单位和物理单位，其编译后的文件扩展名通常为 ".dll" 或 ".exe"。

➢ **返回类型**：方法的返回类型有 int、double 和 string 等数据类型，方法的返回值一般由方法体中的 return 语句给出。没有返回值的方法，其返回类型为 void，表示空值。

➢ **方法名称**：方法名通常用一个能反映方法功能的字符串表示，它需要符合 C# 标识符命名规则。方法名后面必须跟一对括号，以区别于其他标识符。

> **参数列表**：参数列表由 0 个或多个参数组成，写在方法名后面的圆括号内，用于向方法传送数值。参数列表内给出的每一个参数都要指出其类型和参数名。当参数个数多于 1 个时，参数之间用逗号隔开。

> **方法体**：方法体是实现方法功能的主体部分，用花括号括起来，中间可以是一条或若干条语句。如果方法需要返回一个值，则方法中必须有一条 return 语句，语句中的表达式就是要返回的值；如果缺少该语句，将会出现编译错误。

（二）变量的作用域

方法有作用域，变量也有作用域。与方法类似，变量只能在声明、定义之后才能使用。

1. 局部变量的作用域

方法的参数列表及方法体内所声明的变量被称为局部变量。局部变量局限于所声明的方法，其作用域从变量声明开始，到方法体结束为止。如下例所示：

```
void f1()
{
    int i,j;          局部变量 I,j 的
    ...               作用范围
}

void f2(int k)
{                     局部变量 k 的
    int i;            作用范围
    ...   局部变量 i 的
          作用范围
}

void main()
{
    int m,n;
    ...
    {                 局部变量 m,n 的
        int l;        作用范围
        ...   局部变量 l 的
              作用范围
    }
    ...
}
```

关于局部变量的几点说明如下：

① 不同的方法中可以使用相同的变量名，它们代表不同的对象，相互之间也不会干

扰。例如，上例中的 f1 和 f2 方法都定义了变量 i。

② 形参也是局部变量。例如，f2 方法中的形参 k 只在该方法内有效。

③ 在一个方法体内的复合语句中定义的变量，只在本复合语句中有效。例如，main 方法中的变量 1 只在它所在的程序块内有效。

④ 与其他方法相同，在 main 方法中定义的变量只在主方法中有效，主方法也不能使用其他方法中定义的变量。

2. 类成员变量的作用域

类主体中，作为类的成员所声明的变量（不是在方法内部声明的）被称为"字段"。它具有类的作用域（类的作用域界定为类主体的一对开、闭大括号内），用户可以使用字段在不同的方法之间共享信息。

在方法中，局部变量必须先声明、后使用；但作为类成员变量的字段，字段声明可以放在使用它的方法的后面。如下例所示：

```
class Program
{
    void Caculate (int x)
    {
        y = 3.12;
        ...
    }
    void Caculate1()
    {
        Console.WriteLine("字段值：" + y);
        ...
    }
    double y;   //字段——类的成员变量
}
```

上述代码在类 Program 中声明了 3 个成员：两个方法 Caculate 和 Caculate1，一个字段 double y。由于字段的作用域是整个类，因此尽管该字段的声明位于类的最后，前面声明的两个方法内部都已使用此字段，程序也是没有语法错误的。

> **提示** 表面上好像是"先使用、再声明"字段。实际上，由于程序运行之前要经过编译，在编译时系统已获取该字段的声明。

二、方法的调用

方法声明一次后即可无限次使用,在程序运行过程中使用方法的过程称为方法调用。

(一)方法调用格式

若调用类内部声明的方法,无须加前缀,通过"函数名(实参)"的格式调用即可。当然,非静态方法可加上代表本类对象的 this 作前缀,例如 this.add(a,b);而对于静态方法,可用类名作前缀(静态方法与非静态方法将在下一小节进行介绍)。

若调用外部类中的方法,一般分为以下两个步骤:

1. 实例化方法所在类,创建对象

格式为:类名 对象名 = new 类名();

例如:Dog objdog=new Dog();

2. 调用方法

格式为:对象名.方法名(参数)

例如:objdog.Walk();

调用方法时,有以下几点需要注意:

① 调用方法时的参数是实际参数,简称"实参"。实参个数和类型必须与方法声明时的形参一致。如果方法声明时没有参数,则调用时也不用给出参数。实参可以是常量、有值的变量或能求值的表达式。

② 方法名后必须包含一对圆括号,调用无参方法也不例外。

③ 调用方法后有返回值可直接输出,或赋给某一变量,或参与另一个表达式的运算。

下面来看一个简单的方法调用的例子。在 Accept 类中编写整型数据相加、返回和的方法,在 Program 类中调用这个方法。

```
using System;
class Accept
{
    public int Add(int a, int b)          //Add 方法用于计算两数相加的和
    {
        return a + b;
    }
    public void Show(int sum)             //Show 方法用于输出两数相加的和
    {
        Console.WriteLine("两个数相加的和为{0}", sum);
    }
}
```

```
class Program
{
    static void Main()
    {
        Accept a = new Accept();                //创建对象
        Console.WriteLine("请输入两个数字: ");
        int num1 = int.Parse(Console.ReadLine());
        int num2 = int.Parse(Console.ReadLine());
        int sum = a.Add(num1, num2);
        a.Show(sum);
    }
}
```

（二）方法参数

在 C# 中，方法的参数有 4 种类型，如表 3-2 所示。

表 3-2 参数类型

参数类型	声明方式
值参数	不含任何修饰符
引用参数	以 ref 修饰符声明
输出参数	以 out 修饰符声明
数组参数	以 params 修饰符声明

1. 值参数

值参数不含任何修饰符。若方法的形参类型是值参数，在调用时，实参的表达式必须保证是正确的值表达式。当使用值参数向方法传递参数时，编译程序将复制实参的值，并将复制的值传递给该方法。被调用的方法不会修改内存中实参的值，所以使用值参数时可以保证实际值是安全的。

下面来看一段代码。

```
using System;
class Test
{
    static void Swap(int x, int y)
    {
        int temp = x;
        x = y;
```

```
        y = temp;
    }
    static void Main()
    {
        int i = 1, j = 2;
        Swap(i, j);
        Console.WriteLine("i = {0}, j = {1}", i, j);
    }
}
```

代码的运行结果为

i = 1, j = 2

在上面的代码中，x 和 y 是形参，i 和 j 是实参。Swap()方法中对形参 x 和 y 进行交换，但这种交换对实参 i 和 j 没有影响。

2. 引用型参数

引用型参数以 ref 修饰符声明。和值参数不同的是，引用型参数并不开辟新的内存区域，当利用引用型参数向方法传递形参时，编译程序将把实际值在内存中的地址传递给方法。

> 提示
>
> 在使用引用型参数前，实参变量要求必须已设置初始值。

下面来看一段代码。

```
using System;
class Test
{
    static void Swap(ref int x, ref int y)
    {
        int temp = x;
        x = y;
        y = temp;
    }
    static void Main()
    {
        int i = 1, j = 2;
        Swap(ref i, ref j);
```

```
        Console.WriteLine("i = {0}, j = {1}", i, j);
    }
}
```

代码的运行结果为

i = 2, j = 1

由于使用的是引用型参数，x 代表 i，y 代表 j，Main 方法中对 Swap 方法的调用成功地实现了 i 和 j 值的交换。

3. 输出参数

输出参数以 out 修饰符声明。与引用型参数类似，输出型参数也不开辟新的内存区域。与引用型参数的差别在于，使用输出参数调用方法前无需对变量进行初始化。输出型参数常用于传递方法返回的数据，示例代码如下：

```
class OutExample
{
    static void Method(out int i)
    {
        i = 44;                    //变量进行初始化
    }
    static void Main()
    {
        int value;                 //变量并没有赋初值
        Method(out value);         //调用方法
        Console.WriteLine(value);  // value 的值为 44
        Console.ReadLine();
    }
}
```

4. 数组型参数（参数数列）

数组型参数以 params 修饰符声明。另外，如果形参表中包含了数组型参数，那么它必须位于参数表最后，且数组型参数只允许是一维数组。例如：string[]和 string[][]（称为交错数组，即数组的数组）类型都可以作为数组型参数，而 string[,]则不能。最后，数组型参数不能再使用 ref 和 out 修饰符。

下面看一段使用数组型参数的代码。

```
class Program
{
    //定义一个方法其参数为数组
```

```
static void Fruit(params string[] args)
{
    Console.WriteLine("#params:{0}", args.Length);      //输出数组的长度
    for (int i = 0; i < args.Length; i++)               //利用 for 循环进行遍历
        Console.WriteLine("\targs[{0}]={1}",i,args[i]);  //输出数组的个数及元素值
}
static void Main(string[] args)
{
    Fruit();                                             //没有参数
    Fruit("苹果");                                        //有一个参数
    Fruit("苹果","香蕉");                                  //有两个参数
    Fruit("苹果","香蕉","鸭梨");                            //有三个参数
    //创建一个新的字符数组其中有四个数组元素
    Fruit(new string []{"苹果","香蕉","鸭梨","菠萝"});
    Console.ReadKey();
}
}
```

代码的运行结果如图 3-1 所示。

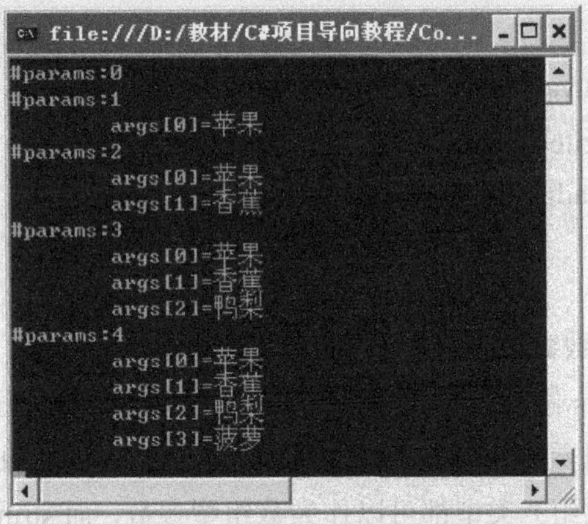

图 3-1　方法的数组型参数运行结果

三、静态方法

C# 中的方法可以分为静态方法和非静态方法两种。使用了 static 修饰符的方法为静态方法，反之为非静态方法。

静态方法是一种特殊的成员方法,它不属于类的某一个具体的实例,而属于类本身。所以对静态方法的调用不需要首先创建一个类的实例, 而是采用以下格式:

`<类名>.<静态方法>`

> **提示** 每创建一个类的实例,都会在内存中为非静态成员新分配一块存储;静态成员属于类所有,为各个类的实例所公用,无论类创建了多少实例,类的静态成员在内存中只占同一块区域。

在静态方法中不能使用非静态成员,而非静态方法可以调用类中的任何成员。下面通过一个具体的实例来了解静态方法和非静态方法的区别。

```
class Mobile
{
    string company;            //定义非静态变量
    static string model;       //定义静态变量
    void mobile1()             //声明一个非静态方法
    {
        company= "NOKIA";      //正确, 等价于 this.company=NOKIA;
        model= "C6";           //正确, 等价于 Mobile.model=C6;
    }
    static void mobile2()      //声明一个静态方法
    {
        company= "NOKIA";      //错误, 在静态方法中不能访问非静态成员 company
        model= "C6";           //正确, 在静态方法中可以访问静态成员 model
    }
    static void Main()         //Main 是静态方法
    {
        Mobile Phone=new Mobile();    //创建一个 Mobile 对象 Phone
        Phone.company= "NOKIA";       //正确
        Phone.model= "C6";            //错误, 不能在类的实例中访问静态成员 model
        Mobile.company= "NOKIA";      //错误, 不能用类名访问非静态成员 company
        Mobile.model= "C6";           //正确, 可以通过类名访问静态成员 model
    }
}
```

> **提示**　非静态成员需要实例化才会分配内存，所以静态成员不能访问非静态的成员；而静态成员存在于内存中，所以非静态成员可以直接访问类中静态的成员。

任务实施——计算立方体和球体的体积

根据用户输入的一个参数计算出以此参数为边的立方体的体积和以此参数为球半径的球体体积。

实施步骤

步骤1　启动 VS，创建一个控制台程序 ThereDArea，在 Program.cs 中输入【代码 3-1】。为了综合练习前面学过的知识，代码中将求立方体体积方法设为静态方法，将求球体体积方法放在了 Sphere 类中。

【代码 3-1】计算立方体和球体的体积。

```
namespace ThereDArea
{
    class Program
    {
        static void Main(string[] args)
        {
            float i;
            Console.WriteLine("请输入立体图形参数！");
            i = float.Parse(Console.ReadLine());
            Console.WriteLine("立方体体积为：");
            //直接访问本类中的静态方法
            Console.WriteLine(VolumeCube(i));
            Console.WriteLine("球体体积为：");
            //访问外部类中的方法
            Sphere Sphere1 = new Sphere();
            Console.WriteLine(Sphere1.VolumeSphere(i));
            Console.ReadLine();
        }
        //求立方体体积方法
        static float VolumeCube(float L)
```

```
        {
            return L * L * L;
        }
    }
    public class Sphere
    {
        float PI = 3.1415f;
        //求球体体积方法
        public float VolumeSphere(float R)
        {
            return 4 * PI * R * R * R / 3;
        }
    }
}
```

步骤 2　按【F5】键调试程序，输入立体图形的参数，将输出相应立方体和球体的体积，如图 3-2 所示。

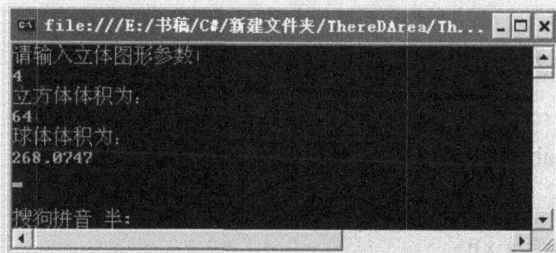

图 3-2　计算立体图形体积

任务二　掌握方法与运算符重载

任务说明

重载是 C# 最有用的特性之一，程序员在实际的软件开发过程中经常使用到重载的方法。本任务中将学习方法和运算符重载的相关知识。

预备知识

一、方法重载

在 C# 语言中，可以在一个类中定义多个同名方法，这些方法通过不同的参数类型或参数个数来区分。这种方式叫做方法的重载（overload）。

虽然每个重载方法可以有不同的返回类型，但返回类型并不足以区分所调用的是哪个方法。因此，仅返回类型不同的同名函数不能通过编译。

下面来看一个方法重载的例子，代码如下：

```csharp
using System;
public class UseAbs
{
    public int abs(int x)                //整型数求绝对值
    {
        return(x<0 ? -x:x);
    }
    public long abs(long x)              //长整型数求绝对值
    {
        return(x<0 ? -x:x);
    }
    public double abs(double x)          //浮点数求绝对值
    {
        return(x<0 ? -x:x);
    }
}
class Class1
{
    static void Main(string[] args)
    {
        UseAbs m=new UseAbs();
        int x=-10;
        long y=-123;
        double z=-23.98d;
        x=m.abs(x);
```

```
        y=m.abs(y);
        z=m.abs(z);
        Console.WriteLine("x={0},y={1},z={2}",x,y,z);
    }
}
```

代码运行结果为

x=10,y=123,z=23.98

编译时，系统将根据调用方法的实参类型决定调用哪个同名方法，来计算不同类型数据的绝对值。

二、操作符重载

C# 除了可以对方法重载外，还可以对操作符进行重载。操作符重载是指将 C# 中已有的操作符赋予新的功能，但与该操作符本来的含义不冲突，使用时系统会根据操作数类型来判断具体执行哪一种运算。

操作符重载，实际是定义了一个操作符方法。操作符方法声明的格式如下：

static public 函数返回类型 operator 重新定义的操作符(形参表)

C# 语言中有一些操作符是可以重载的，例如：

一元操作符： + - ! ~ ++ -- true false

二元操作符： + - * / % & | ^ << >> == != > < >= <=

但也有一些操作符是不允许进行重载的，例如：

= && || ?: checked unchecked new typeof as is

下面我们来看一个重载运算符的例子，在例子中定义了一个复数类，并且复数的求负运算和加运算可以通过符号"-"和"+"来表示。

```
using System;
class Complex                          //复数类定义
{
    private double Real;               //复数实部
    private double Imag;               //复数虚部
    public Complex(double x,double y)  //构造函数
    {   Real=x;
        Imag=y;
    }
    //重载一元操作符负号，1 个参数
```

```
        static public Complex operator - (Complex a)
        {
            return (new Complex(-a.Real,-a.Imag));
        }
        //重载二元操作符加号
        static public Complex operator +(Complex a,Complex b)
        {
            return (new Complex(a.Real+b.Real,a.Imag+b.Imag));
        }
        public void Display()
        {
            Console.WriteLine("{0}+({1})j",Real,Imag);
        }
    }
    class Class1
    {   static void Main(string[] args)
        {   Complex x=new Complex(1.0,2.0);
            Complex y=new Complex(3.0,4.0);
            Complex z=new Complex(5.0,7.0);
            x.Display();                    //显示:1+(2)j
            y.Display();                    //显示:3+(4)j
            z.Display();                    //显示:5+(7)j
            z=-x;
            z.Display();                    //显示：-1+(-2)j
            z=x+y;
            z.Display();                    //显示：4+(6)j
        }
    }
```

任务实施——计算圆和三角形的周长和面积

设计用于计算圆和三角形周长和面积的 Windows 应用程序,运行效果如图 3-3 所示。

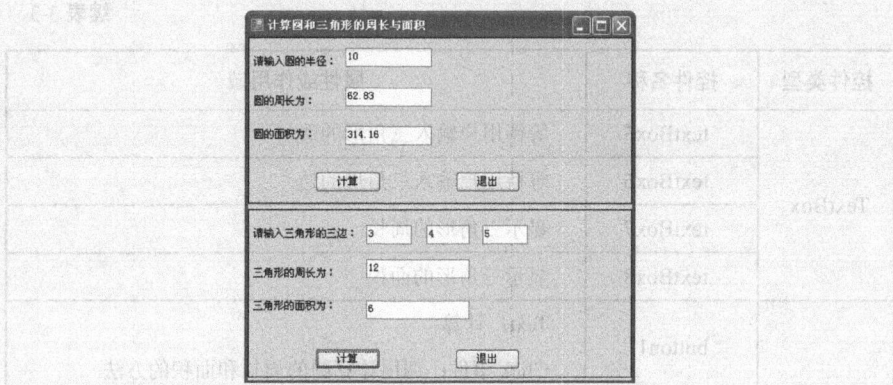

图 3-3 计算圆和三角形的周长和面积

实施步骤

步骤 1 启动 VS，新建一个 Windows 应用程序，并将其命名为 caculate。

步骤 2 修改 Form1 的 Text 属性为"计算圆和三角形的周长和面积"，向 Form1 中添加 2 个 Panel（面板）控件，6 个 Label（标签）控件，8 个 TextBox（文本框）控件，4 个 Button（按钮）控件。控件的属性按表 3-3 所示进行设置，设置完毕后调整控件位置和大小，效果如图 3-3 所示。

表 3-3 Form1 窗体控件说明

控件类型	控件名称	属性或作用域
Panel	panel1	BorderStyle: FixedSingle BackColor: InactiveCaptionText
	panel2	BorderStyle: FixedSingle BackColor: InactiveCaptionText
Label	label1	Text:请输入圆的半径：
	label2	Text:圆的周长为：
	label3	Text:圆的面积为：
	label4	Text:请输入三角形的三边：
	label5	Text:三角形的周长为：
	label6	Text:三角形的面积为：
TextBox	textBox1	等待用户输入圆的半径
	textBox2	显示圆的周长
	textBox3	显示圆的面积
	textBox4	等待用户输入三角形的边

控件类型	控件名称	属性或作用域
TextBox	textBox5	等待用户输入三角形的边
	textBox6	等待用户输入三角形的边
	textBox7	显示三角形的周长
	textBox8	显示三角形的面积
Button	button1	Text：计算 Click 事件：调用计算圆的周长和面积的方法
	button2	Text：退出 Click 事件：退出程序
	button3	Text：计算 Click 事件：调用计算三角形的周长和面积的方法
	button4	Text：退出 Click 事件：退出程序

步骤 3 编写后台代码，详细代码如【代码 3-2】所示。

【代码 3-2】计算圆和三角形的周长和面积。

```csharp
using System;
using System.Collections.Generic;
using System.ComponentModel;
using System.Data;
using System.Drawing;
using System.Linq;
using System.Text;
using System.Windows.Forms;
namespace caculate
{
    public partial class Form1:Form
    {
        public Form1()
        {
            InitializeComponent();
        }
```

```csharp
// 计算圆周长的方法
static public double girth(double r)
{
        double s;              //用于存储周长的值
        s = 2 * Math.PI * r;
        return s;
}
//重载方法用于计算三角形周长
static public double girth(double a, double b, double c)
{
        double s;              //用于存储周长的值
        s = a + b + c;
        return s;
}
//创建计算圆形面积的方法
static public double area(double r)
{
        double s;              //用于存储面积的值
        s = Math.PI * r * r;
        return s;
}
//重载方法用于计算三角形面积
static public double area(double a, double b, double c)
{
        double p;              //用于存储周长的一半的值
        double s;              //用于存储面积的值
        p = (a + b + c) / 2;                        //计算 p 的值
        s = Math.Sqrt(p * (p - a) * (p - b) * (p - c));    //计算三角形面积的值
        return s;
}
private void button1_Click(object sender, EventArgs e)
{
        //确定圆的半径
        double r = Convert. ToDouble (textBox1.Text.ToString());
```

```
        //调用计算周长的方法
        double L = girth(r);
        textBox2.Text = Math.Round(L, 2).ToString();
        //Math.Round()方法用于完成数据的四舍五入操作
        //调用计算面积的方法
        double S= area(r);
        textBox3.Text = Math.Round(S, 2).ToString();
    }
    private void button2_Click(object sender, EventArgs e)
    {

        Application.Exit();               //退出程序

    }


    private void button3_Click(object sender, EventArgs e)
    {
        //获取三边的数值
        double a= Convert.ToDouble (textBox4.Text.ToString());
        double b = Convert.ToDouble (textBox5.Text.ToString());
        double c = Convert.ToDouble (textBox6.Text.ToString());
        //调用计算周长的方法
        double L = girth(a,b,c);
        textBox7.Text =Math.Round(L,2).ToString();
        //调用计算面积的方法
        double S = area(a,b,c);
        textBox8.Text = Math.Round(S, 2).ToString();
    }
    private void button4_Click(object sender, EventArgs e)
    {
        Application.Exit();
    }
  }
}
```

步骤 4   按【F5】键调试该程序，输入数据测试不同按钮的功能，运行效果如图 3-3 所示。

项目总结

项目三包括两个任务，主要介绍了与方法相关的知识。任务一介绍了方法声明、方法调用、变量的作用域等知识；任务二介绍了方法重载和运算符重载的知识。方法作为C# 程序设计的重要组成部分，它是读者日后设计更加复杂的应用程序的基础。读者在学完本项目内容后，应重点掌握以下知识：

> ➢ 方法声明与方法调用。
> ➢ 静态方法的特点。
> ➢ 方法重载与运算符重载的声明与使用。

项目考核

一、选择题

1. 关于 C# 语言的方法，下列叙述中正确的是_____。

A．方法的定义不能嵌套，但方法调用可以嵌套

B．方法的定义可以嵌套，但方法调用不能嵌套

C．方法的定义和调用都不能嵌套

D．方法的定义和调用都可以嵌套

2. 以下所列的方法头部中，正确的是_____。

A．void play(var a:Integer,var b:integer)

B．void play(int a,b)

C．void play(int a,int b)

D．Sub play(a as integer,b as integer)

3. 调用重载方法时，系统根据_____来选择具体的方法。

A．方法名　　　　　　　　　B．参数的个数和类型

C．参数名及参数个数　　　　D．方法的返回值类型

4. 类 MyClass 中有下列方法定义：

```
public void testParams(params int[] arr)
    {
        Console.Write ("使用  Params  参数!");
    }
public void testParams(int x,int y)
    {
```

```
        Console.Write ("使用两个整型参数!");
    }
```

判断上述方法重载有无二义性；若没有，则下列语句的输出为_____。

```
    MyClass x = new MyClass();
    x.testParams(0);
    x.testParams(0,1);
    x.testParams(0,1,2);
```

  A．有语义二义性；

  B．使用 Params 参数!使用两个整型参数!使用 Params 参数!

  C．使用 Params 参数!使用 Params 参数!使用 Params 参数!

  D．使用 Params 参数!使用两个整型参数!使用两个整型参数!

 5．类 Class A 有一个名为 M1 的方法，在程序中有如下一段代码，假设该段代码是可以执行的，则修饰 M1 方法时一定使用了_____修饰符。

```
    Class Aobj=new Class A();
    ClassA.M1();
```

  A．public   B．static

  C．private   D．virtual

 6．有两个具有相同名字的函数，当只满足下列选项的_____条件时，它们不能算作重载函数。

  A．返回值的类型不同   B．参数数目不同

  C．参数类型不同   D．参数的顺序不同

二、简答题

 1．调用类内部方法与类外部方法的步骤有什么不同？

 2．静态方法与非静态方法在定义和使用过程中有什么区别？

项目实训

实训一 设计程序计算学生成绩总分与平均分

  设计一个计算学生成绩总分与平均分的 Windows 应用程序，程序运行效果如图 3-4 所示。

图 3-4　计算学生成绩总分与平均分

实训二　设计程序计算购买商品总金额

设计一个计算购买商品总金额的 Windows 应用程序，运行效果如图 3-5 所示。

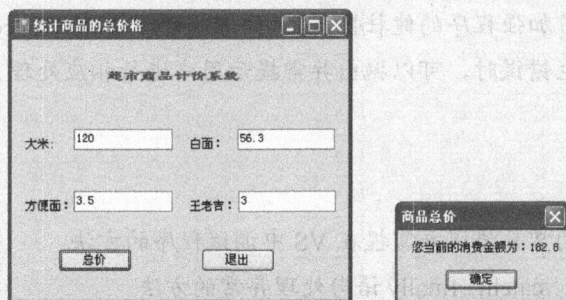

图 3-5　"计算购买商品总金额"程序运行效果

项目四　程序调试与异常处理
——解决突发事件的利器

项目导读

　　无论是多么有经验的程序员，写代码的时候都难免出现错误，程序越复杂，出现错误的概率就越大。为了帮助程序员排除程序错误，VS 提供了智能提示语法错误和进行程序调试的功能。

　　另外，程序在运行过程中还可能会出现一些不可预见的异常，例如用户输入不合法数据、申请内存失败或数据库操作失败等；若不及时处理产生异常，程序往往会崩溃。为了加强程序的健壮性，C# 语言提供了异常（Exception）处理机制——当程序发生错误时，可以抛出异常提示用户进行相应处理。

知识目标

- 了解程序中的常见错误并掌握在 VS 中调试程序的方法。
- 掌握使用 try...catch...finally 语句处理异常的方法。
- 掌握使用 throw 语句抛出异常的方法。
- 掌握操作符 checked 和 unchecked 的使用方法。

任务一　掌握 VS 中调试程序的方法

任务说明

　　在本任务中我们将学习如何在 VS 中通过调试方法来排除程序中的错误。

预备知识

一、程序常见错误

程序代码中的错误大致可以分为语法错误、语义错误和逻辑错误三类。这三种错误的特点如表 4-1 所示。

表 4-1 程序错误分类

	语法（编译）错误	语义（运行）错误	逻辑错误
可以编译	✕	✓	✓
可以执行	—	✕	✓
达到预期效果	—	—	✕
解决方法	编译器	异常处理	调试

（一）语法错误

语法错误是指由于用户没有按编程语言规则编写代码而引起的错误，例如输入了不正确的关键字、缺少表达式、遗漏了某个必需的标点符号等，也称为编译错误。

在编写代码时，VS 会自动对程序进行语法检查，如图 4-1 所示。

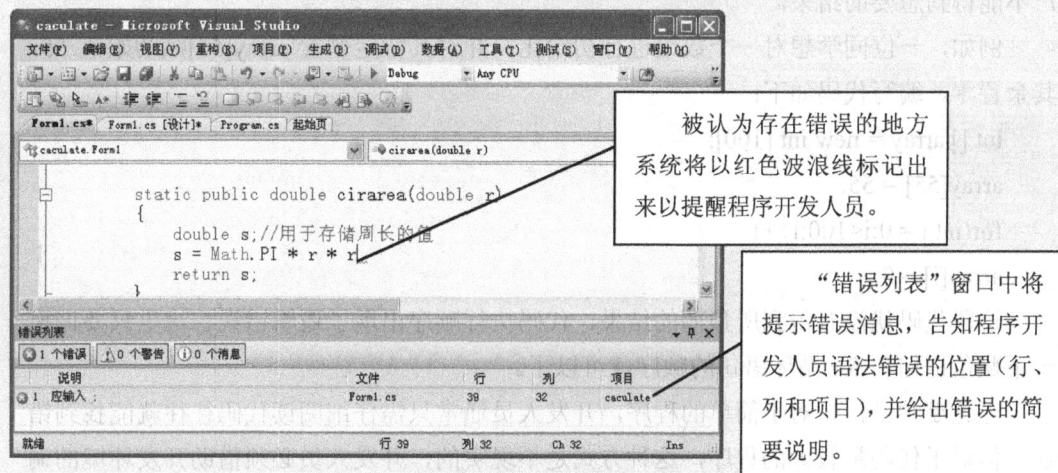

被认为存在错误的地方系统将以红色波浪线标记出来以提醒程序开发人员。

"错误列表"窗口中将提示错误消息，告知程序开发人员语法错误的位置（行、列和项目），并给出错误的简要说明。

图 4-1 VS 自动提示语法错误

（二）语义错误

语义错误是指因应用程序在运行期间执行了非法操作或某些操作失败而引起的错误，也称运行错误，例如，打开的文件未找到、磁盘空间不足、网络连接断开、除法中除数为零等。

数组下标越界是一种典型的运行错误，下面我们看一段代码：

```
int [] arrayX = new int [4];
for(int i = 0; i<5;i++)
{
    arrayX[i] = i;
}
```

在 VS 中输入以上代码段后，按【F5】键，你会发现程序能够进行调试，但系统会弹出如图 4-2 所示的错误提示。

为防止语义错误的产生，一般采取异常处理的方式。关于异常处理的介绍将在任务二中进行。

（三）逻辑错误

逻辑错误是指应用程序未按照程序员预期的方式运行所产生的错误，例如设置的条件不合适、循环次数不当等。此时程序不会崩溃，但是执行的逻辑是错误的，因而用户不能得到想要的结果。

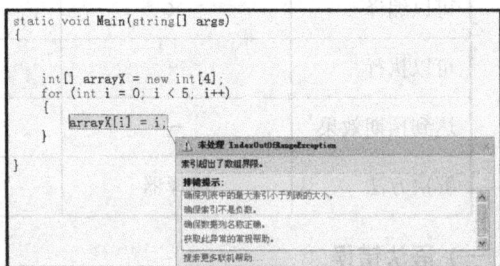

图 4-2　VS 自动提示语义错误

例如，一位同学想对一个数组进行初始化，并对其特定位置 array[55]赋初始值 55，其余置零。编写代码如下：

```
int [] array = new int [100];
array[55] = 55;
for(int i = 0;i<100;i++)
array[i] = 0;
```

这段代码就没有得到所预期的结果，代码执行顺序出现了逻辑错误。这里只要调换一下赋值语句和 for 循环语句的顺序就可以了。

无论哪种错误，对于简单的程序，开发人员通常只需仔细阅读代码往往就能找到错误。但对于代码量较大的程序，这种方式是不现实的，开发人员必须借助开发环境的调试功能才能更快速、准确地找到错误。

二、调试程序的常用方法

调试程序的一般步骤如下：

① 在代码可能出现错误的一处或几处设置断点。

② 运行程序，程序执行到断点处会自动停止执行，进入中断状态。

③ 通过一些窗口监视所关心的变量。

④ 可以选择单步执行程序，查看代码的执行路径是否正确。在此过程中，还可以监视变量状态的变化，也可以选择执行程序到下一个断点，然后重复上述过程。

下面我们来具体学习这些调试方法。

（一）设置断点

断点用于通知调试器在某个特定点上将程序挂起，进入中断模式；此时程序调试器将暂停程序的执行，但并不会终止和结束程序的执行，随时都可以根据需要继续运行。

设置断点的方式比较简单：将光标移至需要设置断点的程序代码前，然后单击鼠标右键，在弹出的快捷菜单中选择"断点"→"插入断点"选项即可，如图 4-3a 所示。此时该行代码将显示红色，代码前出现断点图标●。

默认情况下，程序在执行过程中每次遇到断点后都会进入中断模式。若用户有特殊需求，可以设置程序在满足一定的条件时才进入中断模式。设置方法为：右击该断点图标，如图 4-3b 所示在弹出的菜单中选择相应选项，各选项的作用如表 4-2 所示。

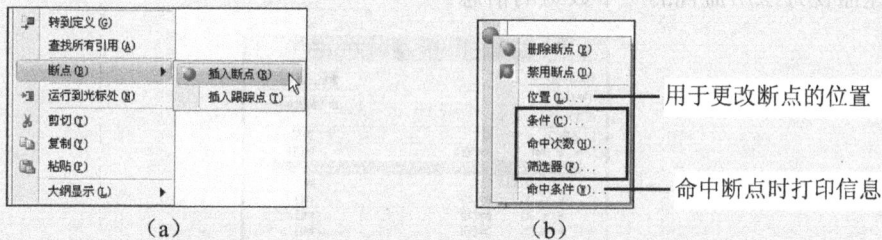

（a）　　　　　　　　　　（b）

图 4-3　插入与设置断点

表 4-2　断点条件设置说明

选项命令	说　　明
条件	当表达式为真或值被修改时断点有效，即调试器到达此断点时，会计算条件的值，只有当条件满足时才会中断程序
命中次数	当执行到一定的次数时断点有效，主要针对循环结构的程序段。例如，某程序的缺陷在执行 100 次或 1000 次时才显现，此时可以设置命中次数为 100 或 1000
筛选器	限制只在指定的计算机、进程和线程上有效

若用户暂时不需要程序在此断点处中断，可以禁用该断点，禁用后还可以启用；若已排除在此断点的错误，则可以删除断点。禁用和删除断点的方法比较简单，在已设置

断点的代码行中单击鼠标右键，在弹出的菜单中选择"断点"菜单的子菜单"禁用断点"或"删除断点"即可。另外，直接单击断点图标●也可以删除断点。

> **提示** 设置断点后，需要执行调试命令命中断点后，程序才能进入中断模式。在中断模式下，用户可以监视变量的值并控制程序的执行，从而判断错误的位置。

这里我们介绍一下跟踪点，跟踪点默认设置为不中断，只输出消息。其设置方法与断点相似，将光标移至需要设置跟踪点的程序代码前，然后单击鼠标右键，在弹出的快捷菜单中选择"断点"→"插入跟踪点"选项即可，参见图4-3a。

（二）监视变量的值

在 VS 中提供了多种窗口监控变量的值，下面逐一进行介绍。

1．快速监视窗口

快速监视窗口为查看变量和表达式提供了一个快捷途径，不过，它只能查看一个变量或表达式的值。在中断模式下，选中某个变量或表达式，按【Shift+F9】键或右击鼠标，在弹出的快捷菜单中选择"快速监视"选项可打开快速监视窗口。图 4-4 所示为通过快速监视方法所监视的一个数组的信息。

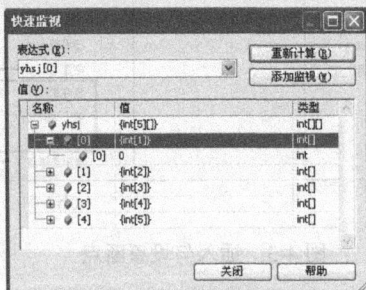

图4-4 "快速监视"窗口

单击"快速监视"窗口中的名称列的加号"+"或减号"-"可展开或折叠变量。

> **提示** 需要提醒读者的是，"快速监视"窗口是一个模式对话框。在模式对话框处于打开的状态下，不能对该对话框以外的应用程序进行操作，必须首先对该对话框进行响应（如单击【确定】或【取消】按钮等将该对话框关闭）。因此，在打开快速监视窗口的状态下，程序不能继续向下执行。

2．监视窗口

快速监视对话框每次只能监视一个变量或表达式的信息，并且打开它时不能再继续执行程序，因此，它不适用于监视单步执行过程中变量的变化情况。若要实现此需求，可以使用"监视"窗口。

在中断模式下，单击菜单栏中的"调试"按钮，在弹出的下拉菜单中选择"窗口"→"监视"→"监视 1"选项，如图 4-5 所示。

此时，在 VS 左下方将出现"监视 1"窗口，这里我们直接将程序代码中需要监视的变量选中拖入该窗口中，则该变量的值和类型等信息就会显示出来，如图 4-6 所示。

图 4-5　添加监视　　　　　　　　　　　图 4-6　"监视 1"窗口

> **提示**
>
> 还可以通过以下两种方式向监视窗口添加变量或表达式：
> ① 选中变量或表达式，单击鼠标右键，在弹出的菜单中选择"添加监视"选项；
> ② 直接在监视窗口中输入变量或表达式。

3．局部变量窗口和自动窗口

局部变量窗口和自动窗口的工作方式与监视窗口完全相同。不同的是，监视窗口中的变量是调试者手动添加进去的，而局部变量窗口和自动窗口中的变量是系统自动产生的。

下面介绍打开局部变量窗口和自动窗口的方法：在中断模式下，单击菜单栏中的"调试"按钮，在弹出的下拉菜单中选择"窗口"→"局部变量"或"自动窗口"即可。局部变量窗口列出当前正在执行的函数中的局部变量，如图 4-7 所示；自动窗口列出当前代码行和上一代码行中的变量，如图 4-8 所示。

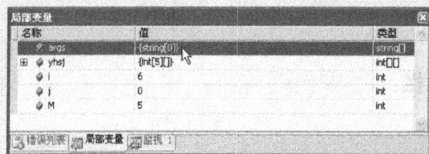

图 4-7　"局部变量"窗口　　　　　　　　图 4-8　自动窗口

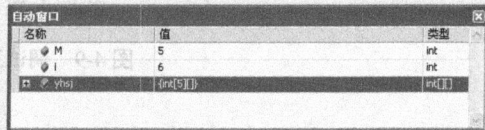

> **提示**
>
> 在以上学习的窗口中都可以修改当前变量的值，方法为：在值位置处双击鼠标，待鼠标指示区域变为编辑状态后，选中原值后直接填写新值即可。

（三）控制执行方式

进入中断状态并添加监视变量后，我们需要通过控制程序执行方式来观察变量值的变化情况。VS 中提供了多种执行方式，如表 4-3 所示。

表 4-3   控制执行方法

执行方式	说　　明	操作实现方式
继续执行	继续执行，如果遇到断点，将再次中断	工具栏或 F5
逐语句执行	每执行完一条语句，都再次中断	F11
逐过程执行	每执行完一个函数调用，都再次中断	F10
跳出	继续执行，直到代码行所在的函数结束后再次中断	工具栏按钮
重新启动	重新启动调试	工具栏按钮
停止调试	停止程序的运行	工具栏按钮
运行到光标处	继续运行到光标所在行处再次中断	右键菜单
设置执行点	改变和调整程序的执行流程	拖动黄色按钮（进入中断状态后，断点处的图标变为 🔁，其上的黄色箭头可拖动）到下一条所要执行的语句

VS 工具栏中用于控制执行方式的工具图标及功能说明如图 4-9 所示。

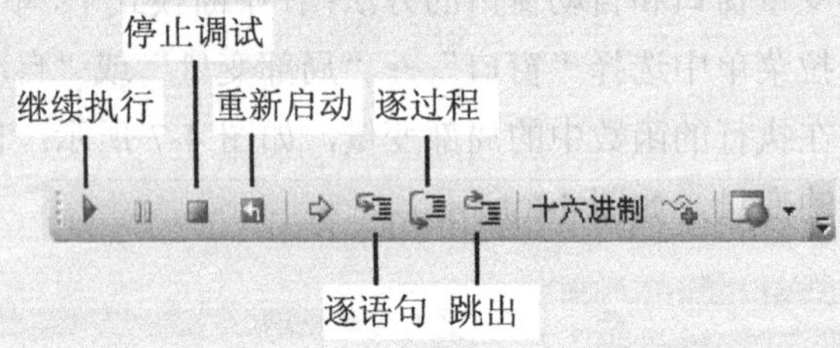

图 4-9   调试工具栏

任务实施——程序调试案例

任务分析

有一位同学编写了一段程序用于实现以下功能：由用户输入考试成绩，程序分别统计及格和不及格人数，并求出及格率；当输入数据不属于 0 ~ 100 时结束该程序。该同学编写的代码能够通过编译，但不能按预想的方式运行，程序代码如下所示：

```
class Program
    {
```

```csharp
static int fun(double n)
{
    int pass;
    if (60 > n)
    {
        pass = 0;
    }
    else
    {
        pass = 1;
    }
    return pass;
}
static void passcount()
{
    int pass, nopass, what;
    double number;
    pass = nopass = 0;
    do
    {
        Console.WriteLine("输入数字(0~100,输入其他数字退出): ");
        number = double.Parse(Console.ReadLine());
        if (number >= 0 && number <= 100)
        {
            what = fun(number);
            pass = what;
            nopass = (what == 1) ? 1 : 0;
        }
        else
        {
            continue;
        }
    } while (true);
```

```
        Console.WriteLine("及格数:{0}\t 不及格数:%double\n", pass, nopass);
        Console.WriteLine("及格率:{0}%", pass / (pass + nopass) * 100);
    }
    static void Main(string[] args)
    {
        passcount();
        Console.ReadKey();
    }
}
```

下面在 VS 中通过调试来逐一排除程序中的错误。

实施步骤

步骤 1 启动 VS,创建控制台应用程序,在 Program.cs 中输入需要调试的代码。按【F5】键调试程序,在弹出的窗口中输入一些测试数据,运行结果如图 4-10 所示。

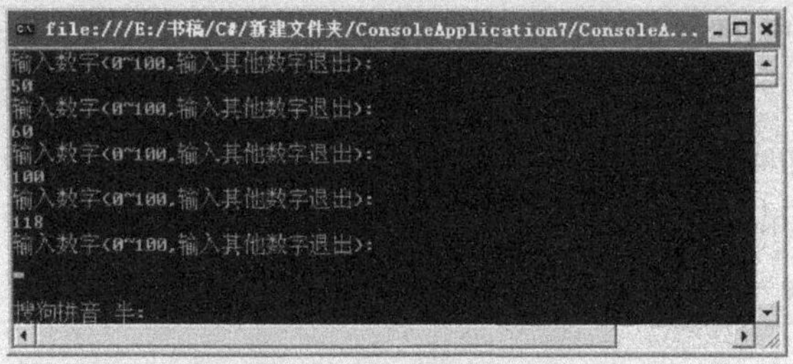

图 4-10 程序调试结果(1)

步骤 2 在图 4-10 中可以看出:当输入大于 100 的数值时,程序并未退出,说明程序执行的逻辑有误,找到程序大于 100 时执行的代码。由于程序比较简单,这里直接可以判断执行的代码为

```
else
{
    continue;
}
```

continue 语句的含义是结束本次循环继续程序的执行,因此循环不会结束,这里需要将 continue 换成 break。

步骤 3 单击工具栏中的 ■ 按钮,停止调试程序,初步修改程序并保存,然后再按【F5】键继续调试,此时在弹出的窗口中输入一个大于 100 的值,按【Enter】键后,程序的执行效果如图 4-11 所示。

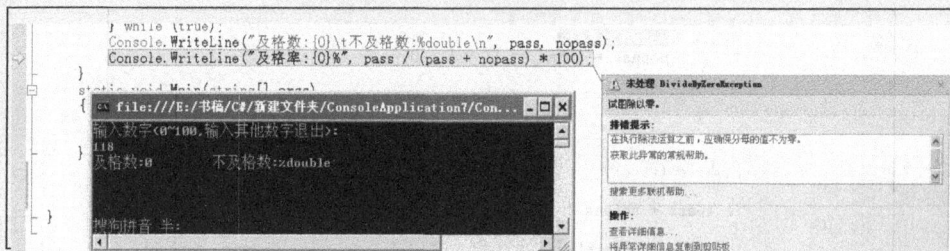

图 4-11　程序调试结果（2）

在图 4-11 中可以看出程序中存在两个错误：一个是不及格数的输出格式有误；另一个是当第一次输入数据即为不法数据时，计算及格率的分数的分母为 0 会引发异常。我们找到出现问题的代码并改写如下：

```
if (pass + nopass != 0)
{
    Console.WriteLine("及格数:{0}\t 不及格数:{1}\n", pass, nopass);
    Console.WriteLine("及格率:{0}%", pass / (pass + nopass) * 100);
}
else
{
    Console.WriteLine("未输入有效数值");
}
```

步骤 4　单击工具栏中的 ▣ 按钮，重新启动调试，在弹出的窗口中输入多个小于 100 的测试数据，并以一个大于 100 的数值结束程序，程序运行结果如图 4-12 所示。

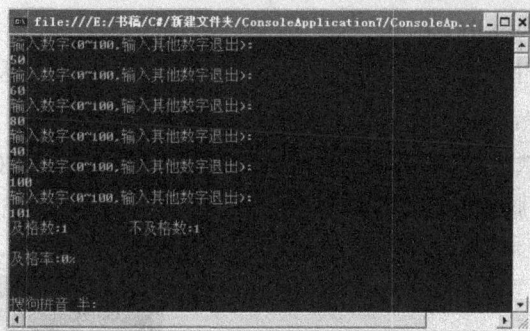

图 4-12　程序调试结果（3）

步骤 5　从程序的结果中，我们可以看出，及格、不及格人数和及格率均有误。为了观察变量值的变化情况，在计算及格与不及格人数、及格率的语句前设置断点，如图 4-13 所示。

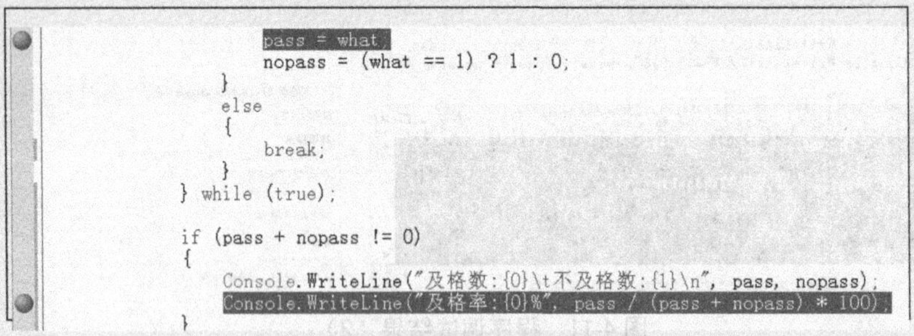

图 4-13　插入断点

步骤 6　单击工具栏中的 按钮，重新启动调试，在弹出的窗口中输入一个小于 100 的数值并按【Enter】键，当程序进入中断状态后，打开监视窗口，将变量 "pass"、"nopass" 和表达式 "pass / (pass + nopass) * 100" 添加到监视窗口。然后，单击逐语句按钮 逐步运行程序。在运行过程中再输入几个数值后，发现 pass 和 nopass 的值并未增加，如图 4-14 所示。

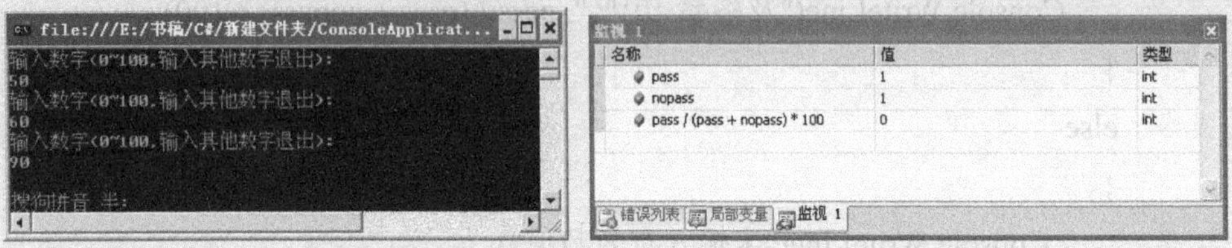

图 4-14　监视变量值的变化

pass 和 nopass 人数根据运算数据的输入需要做相应增加，这里将相应代码修改如下：

pass += (what == 1) ? 1 : 0;

nopass += (what == 0) ? 1 : 0;

两个 int 型的数据相除，结果为 int 型，若小于 1 则默认为 0，因此这里需要显示将 pass 的值转化为 float 型，将相应代码修改如下：

Console.WriteLine("及格率:{0}%", (float)pass / (pass + nopass) * 100);

将程序修改后重新启动调试，图 4-15 所示为不同情况下程序的调试结果。

图 4-15　程序调试运行结果

任务二　学习异常处理的基础知识

任务说明

程序运行过程中常会发生一些异常事件，比如除 0 溢出、数组越界、找不到文件等，这些事件的发生将阻止程序的正常运行。为了加强程序的健壮性，设计程序时必须考虑到可能发生的异常事件并做出相应的处理。下面对 C# 中的异常处理进行介绍。

预备知识

C# 中异常处理一般需要异常类和异常处理语句共同完成。

一、异常类及其属性

C# 将异常封装为类（称为异常类），每次产生异常时，就会生成该异常类的一个对象，通过该对象的属性可以获得异常的描述、异常产生的位置等信息。

Exception 类是所有异常类的基类，它包含在 System 命名空间内，该类的对象可以捕获任何类型的异常，其他派生类的对象只能捕获相应类类型的异常。常用的异常类及其含义如表 4-4 所示。

表 4-4　常见异常类及其含义

异常类	含　义
MemberAccessException	类成员不能被访问
ArgumentException	所有参数异常的基类
ArgumentNullException	参数为空
ArgumentOutOfRangeException	参数不在给定的范围内
ArithmeticException	算术运算、类型转换或转换操作错误
ArrayTypeMismatchException	与数组类型不匹配
DivideByZeroException	除数为 0
FormatException	参数的格式不正确
OutOfMemoryException	内存不足

续表 4-4

异常类	含　义
OverflowException	数据溢出
IndexOutOfRangeException	数组下标出界
NullReferenceException	空对象被引用
InvalidOperationException	方法调用对于对象的当前状态无效

另外，通过访问异常类的属性，可以获取异常的详细信息，表 4-5 所示为较常见的异常类属性。

表 4-5　Exception 类的常用属性

属　性	说　明
Message	异常信息
InnerException	导致异常出现的实例
Source	出现异常的应用程序或对象的名称
StackTrace	出现异常的位置
TargetSite	出现异常的方法名称

二、异常处理常用语句

C# 中异常处理的基本格式如下：

```
try
{
    可能出现异常的代码块;
}
catch(Exception e)
{
    异常处理代码块;
}
finally
{
    无论是否发生异常，均要执行的代码块;
```

```
}
```

各语句块含义如下。

> **try 块**：包含可能产生异常的代码。

> **catch 块**：包含在产生异常时要执行的代码。catch 语句后可以跟一个参数，例如 Exception e 或 DivideByZeroException e 等，称为类型筛选器，表示 catch 块所处理的异常类型。若省略此语句，表示 catch 块将处理所有异常。

> **finally 块**：包含总是需要执行的代码。无论是否引发了异常，finally 块都将被执行。

提示　　　在基本结构的基础上，用户可以根据需求变化格式，可以只有 try 和 finally 块，或一个 try 块对应多个 catch 块。

当程序在 try 块中执行没有产生异常，执行完毕后将自动进入 finally 块，这个块中通常包含处理结束后清理资源的指令，如关闭文件、关闭数据库或清除缓冲区等；若在执行 try 块程序中发生异常，执行流将立即离开 try 块，转入标记为处理此类异常的 catch 块，在 catch 块执行完成后，同样会进入 finally 块。

异常处理的流程如图 4-16 所示。

图 4-16　异常处理流程

下面来看一个异常处理的案例：在 VS 新建一控制台应用程序，用于计算由用户输入的两个整数相除所得的商；当用户所输入的分母的值为 0 时，捕获系统抛出的异常并提示用户。

程序的详细代码如下：

```
namespace ConsoleApplication1
{
    class Program
    {
        static void Main(string[] args)
        {
            int x, y,z;                              //定义变量
```

```
            z = 0;
            try                                    //检查是否有异常
            {
                Console.WriteLine("请输入 x 的值：");
                x = int.Parse(Console.ReadLine());        //接收从键盘输入的 x 的值
                Console.WriteLine("请输入 y 的值：");
                y = int.Parse(Console.ReadLine());        //接收从键盘输入的 y 的值
                z = x / y;
                Console.WriteLine("z 的值为：" +z);
            }
            catch (DivideByZeroException ex)            //获取除数为 0 的异常
            {
                Console.WriteLine("除数不能为 0，你知道吗?" + ex.Message);
            }
            Console.ReadKey();
        }
    }
}
```

按【F5】键调试程序，当输入的 y 值为 0 时，程序将捕获系统抛出的异常并提示用户，如图 4-17 所示。

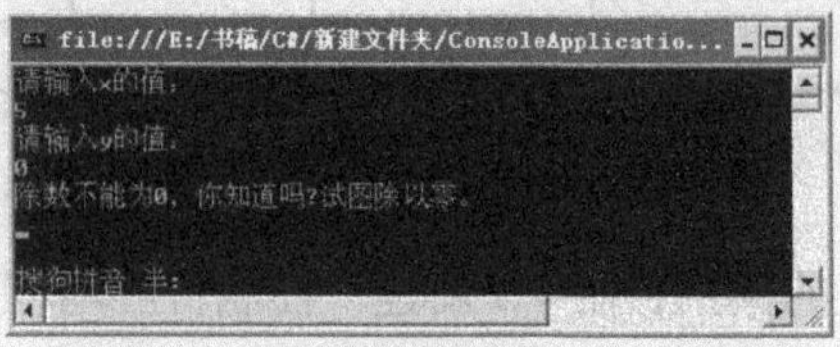

图 4-17　"处理异常"程序运行结果

三、自定义异常和使用 check 检查

（一）自定义异常

有时，我们会遇到系统异常类无法提供合适类型的情况，此时用户可以自定义异常，并使用 throw 语句发出在程序执行期间出现的异常信号。

自定义异常类就是自定义一个类并使它继承系统的某个异常类，其定义的格式如下：

```
class  自定义的异常类类名:系统中的异常类            //继承系统中的异常类
{
```

```
        //类体
    }
```

定义异常类时需要注意以下两点：

① 自定义异常类的的名称要以 Exception 结尾，以符合异常类的统一命名规范。

② 在选择基类时，要根据情况进行选择，如 Exception,SystemException（系统异常），ApplicationException（应用程序异常）。一般不能选择某个具体的异常类作为基类，如 DivideByZeroException。

> **提示**　继承的相关知识将在项目六中详细讲述。

Message 属性是异常捕获者最常使用的异常类属性，所以在自定义异常类时一般需要自定义基类的 Message 属性，该属性文本可以由基类的构造方法传入。例如：

```
class AException: ApplicationException
{
    public AException(string message) : base(message)
        //base 关键字用于指定父类所调用的构造方法，具体使用方法详见项目六
    {
    }
}
```

系统中预定义的异常，在程序中遇到时是由系统自动抛出的，但是在抛出自定义异常时，需要用户使用 throw 语句自己抛出，格式如下：

```
throw(new 自定义的异常类类名(参数列表));
```

通常情况下，throw 语句与 try-catch-finally 语句一起使用。下面来看一段捕捉自定义异常的代码。

```
class AException: ApplicationException          //声明自定义异常类 AException
{
    public AException(string message)           //继承的基类的构造方法
            : base(message)
    {
    }
}
class B
{
    public static int f(int x, int y)
```

```
    {
        if(x>100||y>100)
            throw (new AException("x 或 y 的数值超出 100！"));        //抛出异常
        else
            return (x*y);
    }
    public static void Main()
    {
        int q;
        try
        {

            q=f(99,56);
            Console.WriteLine("99 和 56 积为：{0}",q);
            q=f(101,4);                                //引发自定义类型的异常
            Console.WriteLine ("这行是不会被执行的。");
        }
        catch (AException e)                     //捕捉自定义的异常
        {
            Console.WriteLine("引发自定义的异常！{0}", e.Message);
        }
        finally
        {
            Console.WriteLine("finally 始终会被执行！");
            Console.Read();
        }
    }
}
```

程序的运行结果如图 4-18 所示。

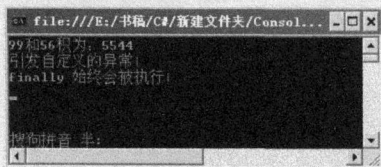

图 4-18 "捕捉自定义异常"程序运行结果

（二）使用 check 检查

在进行算术运算或从一种数据类型显式转换到另一种数据类型时，有可能出现运算结果超出结果所属类型值域的情况，这种情况称之为溢出。

在 C# 语言中，checked 和 unchecked 操作符常用于整型算术运算时控制当前环境中的溢出检查，在项目二中已经简单介绍了 checked 和 unchecked 的使用方法，这里我们将详细介绍这两个操作符的使用环境。

能够参与 checked 和 unchecked 检查的运算情况如下：

① 预定义一元运算符++、--和-，操作数为整型数时。

② 预定义二元运算符的+、-、*、/等，操作数为整型数时。

③ 从一种整型到另一种整型的显式数据转换时。

当上述整型运算中产生一个目标类型无法表示的大数时，在使用 checked,unchecked 或两者都不使用的程序中，系统的处理方式不同。

（1）使用 checked

若运算为常量表达式（指值不能发生改变的表达式），则产生运行错误；若为非常量表达式，则会抛出 overflowException 溢出异常。

（2）使用 unchecked

无论运算是常量表达式还是非常量表达式，都没有编译错误或是运行时异常发生，返回值为截掉不符合目标类型的高位后的数值。

（3）未使用 checked 和 unchecked

若运算为常量表达式，默认情况下总是进行溢出检查，同使用 checked 一样，会无法通过编译；若为非常量表达式，则是否进行溢出检查，取决于外部因素，包括编译器状态、执行环境参数等。

> **提示**
>
> checked 和 unchecked 关键字只能适用于对 int 和 long 等整型执行的运算，不能使用它们来控制浮点运算，因为浮点运算不会抛出 overflowException。

任务实施——捕获数学计算中的异常

计算 $z = 1 + \sqrt{x^2 - y^2} / (x - y)$ 的结果，x 和 y 的值由用户输入，应用前面学习的异常处理知识妥善处理程序中可能出现的语义错误。

任务分析

经过分析，用户输入可能引起三个语义错误：一是输入了非数值型数据；二是输入了相同的 x，y 值，导致分母为 0；三是输入的 x 值小于 y 值，不能进行开平方运算。

实施步骤

步骤1 新建一个控制台应用程序，在主函数中输入如下程序代码：

```csharp
class DivSqrtException: ApplicationException   //声明自定义异常类 DivSqrtException
{
    public DivSqrtException(string mge)
        : base(mge)
    {        }
}
class B
{
    public static double f(double x, double y)
    {
        if(x == y)
            throw (new DivSqrtException("x 与 y 值相同，除数为 0！")); //抛出异常
        else if(x < y)
            throw (new DivSqrtException("x 的值小于 y 值，不能开平方！"));
        else
            return (x - y);
    }
    public static void Main()
    {
        double x, y, z = 0;
        try
        {
            Console.WriteLine("请输入 x 的值：");
            x = double.Parse(Console.ReadLine());        //接收从键盘输入的 x 值
            Console.WriteLine("请输入 y 的值：");
            y = double.Parse(Console.ReadLine());        //接收从键盘输入的 y 值
            z = 1 +Math.Sqrt(x * x - y * y) / f(x, y);   //计算 z 值
            Console.WriteLine("z 的最后结果为：z=" + z);
        }
        catch (FormatException)
        {
            Console.WriteLine("输入的数据格式不正确！");
```

```
            }
        catch (DivSqrtException ex)
        {
            Console.WriteLine("输入数值不能继续运算: " + ex. Message.ToString());
        }
        finally
        {
            Console.ReadKey();
        }
    }
}
```

步骤 2　按【F5】键调试程序，当输入的 x 值为非数字时（本次输入的是 a），运行效果如图 4-19 所示；当输入合法数值 x 为 4，y 为 1 时，其运行效果如图 4-20 所示；当输入的值使得 $x=y$ 或 $x^2-y^2<0$ 时将会出现如图 4-21 和图 4-22 所示的结果。

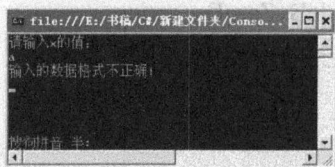

图 4-19　输入非数值型数据后程序的运行效果　　图 4-20　输入符合条件的数据后程序的运行效果

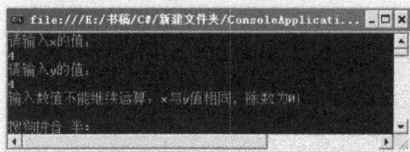

图 4-21　输入数据使 $x=y$ 后程序的运行效果　　图 4-22　输入数据使 $x>y$ 后程序的运行效果

项目总结

本项目主要介绍了程序调试与异常处理的相关知识。任务一中主要介绍程序调试的方法与技巧，包括排除语法错误、设置断点、跟踪变量等，任务二中主要介绍异常处理的方法，包括 try…catch…finally 语句、throw 语句以及 checked 和 unchecked 操作符的使用。读者在学习完本项目内容后，应重点掌握以下知识：

➢　在 VS 中设置断点和跟踪变量的方法。

➢　常见的系统异常类。

➢　自定义、抛出和捕获异常的方法。

项目考核

一、选择题

1. C# 程序中，可使用 try…catch 机制来处理程序出现的_____错误。

    A. 语法   B. 运行   C. 逻辑   D. 拼写

2. check 和 uncheck 操作符不能用于_____表达式。

    A. int a = int.MaxValue;   B. long b = long.MaxValue;

    C. byte c = byte.MaxValue;   D. char d = "123456";

3. 下列关于 try…catch…finally 语句的说明中，不正确的是_____。

    A. catch 块可以有多个   B. finally 块可以没有

    C. catch 块也是可选的   D. 可以只有 try 块

4. 为了能够在程序中捕获所有的异常，在 catch 语句的括号中使用的类名为_____。

    A. Exception   B. DivideByZeroException

    C. FormatException   D. 以上三个均可

5. 关于异常，下列的说法中不正确的是_____。

    A. 用户可以根据需要抛出异常

    B. 在被调用方法可通过 throw 语句把异常传回给调用方法

    C. 用户可以自己定义异常

    D. 在 C# 中有的异常不能被捕获

二、简答题

1. 简述 C# 程序常见错误及处理方法。
2. 简述 try…catch…finally 机制的处理流程。

项目实训　设计程序判断是否闰年

设计一个 Windows 应用程序判断输入年份是否为闰年，并能够检测输入的非法数值，例如输入字母、特殊符号或输入的整数超出合理范围时都要进行异常处理。程序的部分运行效果如图 4-23 所示。

提示：

四年一闰，百年不闰，四百年再闰。

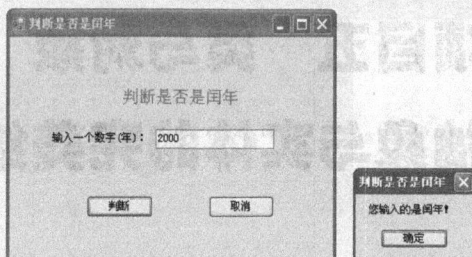

（a）输入"2000"后程序运行效果

（b）输入"2001"后程序运行效果

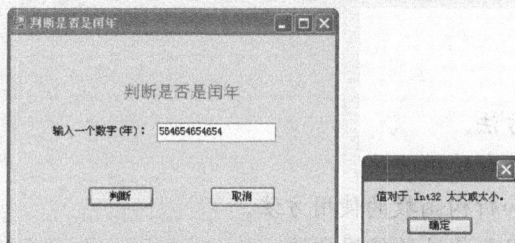

（c）输入大整数后程序运行效果

图 4-23 判断是否是闰年

项目五　类与对象
——抽象与实体的完美结合

项目导读

与面向过程的语言相比，面向对象程序设计语言使得目前的软件开发工作变得更加简单快捷。类和对象是面向对象程序设计语言的灵魂，也是我们学习 C# 语言的核心内容之一。

类是同种对象的集合与抽象，对象是类的具体实例。例如：如果把手机的共性定义为一个类，此时手机类是一个抽象的概念，而 iPhone 4s 手机或者 hTc 手机则是一个具体的对象，是一个实体。

知识目标

- 掌握类的声明方法。
- 掌握对象的创建和使用方法。
- 掌握构造函数和析构函数的使用方法。
- 掌握 this 关键字和属性的使用方法。

任务一　初识类与对象

任务说明

在本任务中，将向读者介绍类与对象的基本知识。

预备知识

一、声明类

类需要先声明后使用，声明类的语法结构如下：

[<修饰符>] class <类名> [: <基类名>]

```
{
    //类成员
}   //无需分号
```

说明：

声明类时先指定类本身的修饰符，类的修饰符包括访问修饰符（internal,public,private 和 protected）和功能修饰符（new,abstract,sealed 和 partial），如表 5-1 所示。当有两种修饰符同时修饰类时，访问修饰符在前；修饰符后是类的名称、基类（如果此类为继承类）；声明头后面是类体，其由一对花括号组成，类体中包含 C# 的类成员。

表 5-1　C# 类修饰符及其含义

修饰符名称	含　义
internal（默认）	类只能在当前项目中访问
public	类可以在任何地方访问
abstract 或 internal abstract	类只能在当前项目中访问，不能实例化，只能继承（abstract 意为抽象的，表示不能被实例化）
public abstract	类可以在任何地方访问，不能实例化，只能继承
sealed 或 internal sealed	类只能在当前项目中访问，不能派生，只能实例化（sealed 意为密封的，表示不能派生）
public sealed	类可以在任何地方访问，不能派生，只能实例化
partial	指定类的代码为部分类，即一个类的代码放在多个文件中，在编译时再将它们合并为一个完整的文件
new	只允许在嵌套类声明时使用，表示类中隐藏了由基类中继承而来的与基类中同名的成员
protected	只允许在嵌套类声明时使用，表示只能从所在类和所在类派生的子类进行访问
private	只允许在嵌套类声明时使用，表示只能在定义它的类中访问

在使用修饰符时，需要注意：abstract 不能和 new 同时使用。类继承时如果基类的可访问性比派生类的可访问性低，则不可以继承。abstract 和 sealed 修饰符也是被禁止同时使用的。

下面先来简单了解一下嵌套类、基类与派生类的概念。

（一）嵌套类

在类或结构内声明的类称为嵌套类（nested-type），在编译单元或命名空间内声明的类为非嵌套类。

下面来看一个实例：

```
using System;
class   A
{
  private class   B
  {
    static    void F()
    {
      Console.WriteLine("......");
    }
  }
}
```

其中，类 B 在类 A 中声明，是嵌套类；类 A 在编译单元内声明，是非嵌套类。

（二）基类与派生类

在定义类的时候，如果类 n 继承自类 m，则将类 m 称为类 n 的基类，类 n 则是类 m 的派生类。例如，下面代码中定义的 MobilePhone 类就是类 Phone 的派生类，类 Phone 是类 MobilePhone 的基类。

```
public class MobilePhone:Phone
{
    //类成员
}
```

每一个类只能指明一个基类，并且内部类可以继承一个公共类，但是公共类不能继承一个内部类。下面的代码就是不合法的：

```
internal class Phone
{
    //类成员
}
public class MobilePhone:Phone
{
    //类成员
}
```

而下面的代码才是合法的：

```
public class Phone
{
        //类成员
}
internal class MobilePhone:Phone
{
        //类成员
}
```

二、类的成员

（一）C# 的类成员

由于 C# 程序中每个变量或函数都必须属于一个类或结构，不能像 C 或 C++ 那样建立全局变量，因此所有的变量或函数都是类或结构的成员。

C# 中类的成员包括包括以下类型：

➢ 局部变量：在 for,switch 等语句中和类方法中定义的变量，只在指定范围内有效。

➢ 字段：即类中的变量或常量，包括静态字段、实例字段、常量和只读字段。

在类内定义的变量成员被称为字段。字段可以预先初始化声明，声明的字段将作用于整个类。

例如：

```
class Phone
{
        string company="NOKIA";         //定义一个变量用于存储品牌名称
        float price=2012;               //定义一个变量用于存储价格
}
```

根据修饰符的不同，字段可以分为静态字段、实例字段和只读字段。

（1）静态字段

用修饰符 static 声明的字段称为静态字段，静态字段属于类而不属于某个对象。引用静态字段的方法为：类名.静态字段名。

（2）实例字段

未使用修饰符 static 的字段都可以称为实例字段。每创建类的一个对象就会在对象内创建一个该字段实例，创建它的对象被撤销该实例字段也被撤销。引用实例字段的方法为：实例名.实例字段名。

（3）只读字段

使用 readonly 修饰符声明的字段为只读字段。只读字段是特殊的实例字段，它只能在字段声明或构造函数中重新赋值，在其他任何地方都不能改变只读字段的值。

另外，用 const 修饰符声明的字段为常量。常量只能在声明中初始化，以后不能再修改。

> **方法**：包括静态方法和非静态方法。项目三中已经讲述，这里不再赘述。
> **属性**：按属性指定的 get 方法和 set 方法对字段进行读写。属性本质上是方法。
> **事件**：事件用于定义由类生成的通知或信息，类或对象可以通过事件向其他类或对象通知发生的相关事情。
> **索引器**：允许像使用数组那样访问类中的数据成员。
> **操作符重载**：采用重载操作符的方法定义类中特有的操作。
> **构造函数和析构函数**：构造函数是名称和类相同的方法，当类进行实例化时首先执行的就是构造函数。析构函数也是一种特殊的方法，其名称是在类的名字前加"～"符号。

对上面提到的函数成员，此处仅进行了简单介绍，读者在此只需理解其基本含义即可，我们将在后面陆续对它们做详细讲解。

（二）类成员访问修饰符

所有类成员都具有可访问级别，可通过访问修饰符来控制，以实现数据和代码隐藏。

C# 定义了如下五种访问修饰符：public,protected,internal,protected internal 和 private，其含义参见表3-1。

在使用访问修饰符时，需要将访问修饰符设置在成员的类型或者返回类型之前。类的成员的默认访问修饰符为 private。

下面通过一段代码来学习类中成员的可访问性：

```csharp
using System;
class Vehicle                    //定义汽车类
{
    public int wheels;           //公有成员轮子个数
    protected float weight;      //保护成员重量
    public void F()
    {
        wheels = 4;              //正确，允许访问自身成员
        weight = 10;             //正确，允许访问自身成员
    }
}
```

```
    class train                    //定义火车类
    {
        public int num;            //公有成员车厢数目
        private int passengers;    //私有成员乘客数
        private float weight;      //私有成员重量
        public void F()
        {
            num = 5;               //正确，允许访问自身成员
            weight = 100;          //正确，允许访问自身成员
            Vehicle v1 = new Vehicle();
            v1.wheels = 4;         //正确，允许访问 v1 的公有成员
            //v1.weight = 6; 错误，不允许访问 v1 的保护成员，可改为 weight = 6;
        }
    }
    class Car:Vehicle              //定义轿车类
    {
        int passengers;           //私有成员乘客数
        public void F()
        {
            Vehicle v1 = new Vehicle();
            V1.wheels = 4;         //正确，允许访问 v1 的公有成员
            V1.weight = 6;         //正确，允许访问 v1 的保护成员

        }
    }
```

三、对象

C# 中的类是抽象的，如果要使用类来实现某项特定功能，必须要将类实例化，即创建类的对象。读者可以将类理解为生产产品时用到的模具，而对象就是生产出来的产品。

（一）创建对象

在类中创建对象的格式如下：

<对象名>=new <构造方法名>([参数列表]);

其中，参数列表是可选的，它取决于构造方法自身的情况。

为 Phone 类创建一个对象 Nokia，代码如下：

```
Phone Nokia=new Phone();
```

> **提示**
>
> 在 C# 面向对象程序设计语言中，创建类的对象、创建类的实例和实例化类等说法含义相同，都是以类为模板生成一个类对象。

在使用关键字 new 创建一个类的对象时，将为对象分配一块内存，每一个对象都有不同的内存，因此，两个不同的对象，即使它们的代码都相同，也是单独的两个个体。

（二）使用对象

在 C# 中，类对象使用点运算符 "." 来引用类中成员，并且引用范围受成员访问修饰符的限制。

下面来看一段代码。

```
namespace ConsoleApplication1
{
    class class1                  //定义一个类 class1
    {
        public string str;        //定义字符型公共变量 str
        protected string str1;    //定义字符型受保护变量 str1
        private string str2;      //定义字符型私有变量 str2
        internal string str3;     //定义字符型内部变量 str3
        public void way()         //定义一个没有任何返回类型的公共方法 way
        {
            ……
        }
    }
    class class2
    {
        public static void Main()
        {
            class1 dx = new class1();     //创建一个 class1 的对象 dx
            dx.str = "a";                 //此条语句正确，在程序内能引用 public 成员
            //dx.str1 = "b";              //此条语句错误，在类外不能引用 protected 成员
            //dx.str2 = "c";              //此条语句错误，在类外不能引用 private 成员
            dx.str3 = "d";                //此条语句正确，在程序内能引用 internal 成员
            dx.way();                     //此条语句正确，在程序内能引用 public 成员
```

```
        }
    }
}
```

任务实施——获取手机品牌信息

使用"类与对象"的相关知识创建应用程序，在程序中完成手机类的建模，并根据手机类生成新的对象，根据用户输入的手机品牌名称，输出相应手机信息。

实施步骤

步骤 1 新建一个控制台应用程序，将其命名为 Phone，在 Program.cs 文件中输入创建手机类与对象的代码，如【代码 5-1】所示。

【代码 5-1】创建手机类与对象。

```
namespace Phone
{
    public class 电话                      //创建一个电话类
    {
        public string 品牌;
        public string 型号;
        public string 颜色;
        public decimal 价格;
    }
    class 移动电话                          //创建一个移动电话类
    {
        public void 电话1()                 //定义一个方法"电话1"
        {
            电话 电话1 = new 电话();//创建一个新的对象"电话1"
            电话1.品牌 = "NOKIA";
            电话1.型号 = "N98";
            电话1.颜色 = "黑色";
            电话1.价格 = 4999;
            Console.WriteLine("您选择的手机信息如下：");
            Console.WriteLine("手机品牌：" + 电话1.品牌);
            Console.WriteLine("手机型号：" + 电话1.型号);
            Console.WriteLine("手机颜色：" + 电话1.颜色);
```

```
            Console.WriteLine("手机价格："+ 电话 1.价格);
            Console.WriteLine("谢谢您的参与！");
            Console.ReadKey();
        }
        public void  电话 2()              //定义一个方法"电话 2"
        {
            电话  电话 2 = new  电话();//创建一个新的对象"电话 2"
            电话 2.品牌 = "MOTO";
            电话 2.型号 = "MOTO ME525";
            电话 2.颜色 = "红色";
            电话 2.价格 = 1989;
            Console.WriteLine("您选择的手机信息如下：");
            Console.WriteLine("手机品牌："+ 电话 2.品牌);
            Console.WriteLine("手机型号："+ 电话 2.型号);
            Console.WriteLine("手机颜色："+ 电话 2.颜色);
            Console.WriteLine("手机价格："+ 电话 2.价格);
            Console.WriteLine("谢谢您的参与！");
            Console.ReadKey();
        }
        public void  电话 3()              //定义一个方法"电话 3"
        {
            电话  电话 3 = new  电话();//创建一个新的对象"电话 3"
            电话 3.品牌 = "联想";
            电话 3.型号 = "联想 E268 翻盖手机";
            电话 3.颜色 = "珍珠白";
            电话 3.价格 = 1399;
            Console.WriteLine("您选择的手机信息如下：");
            Console.WriteLine("手机品牌："+ 电话 3.品牌);
            Console.WriteLine("手机型号："+ 电话 3.型号);
            Console.WriteLine("手机颜色："+ 电话 3.颜色);
            Console.WriteLine("手机价格："+ 电话 3.价格);
            Console.WriteLine("谢谢您的参与！");
            Console.ReadKey();
        }
```

```
static void Main(string[] args)
{
    Console.WriteLine("请输入品牌名称: NOKIA、MOTO、Lenovo");
    string input = Console.ReadLine();
    移动电话 Mobile = new 移动电话();
    switch (input)
    {
        case "NOKIA":
            Mobile.电话 1();
            break;
        case "MOTO":
            Mobile.电话 2();
            break;
        case "Lenovo":
            Mobile.电话 3();
            break;
        default:
            Console.WriteLine("请输入正确的手机品牌名称! ");
            Console.ReadKey();
            break;
    }
}
```

步骤 2 按【F5】键, 调试程序, 得到如图 5-1 所示的运行结果。

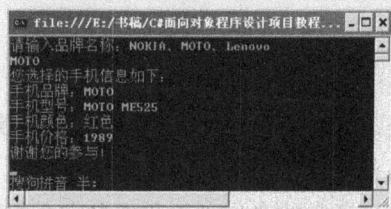

(a) 输入 "NOKIA" 运行效果　　　　(b) 输入 "MOTO" 运行效果

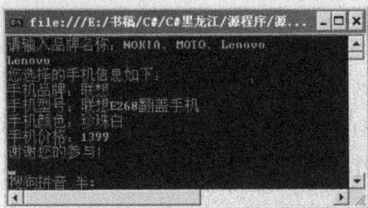

（c）输入"Lenovo"运行效果　　　　　　（d）输入"d"运行效果

图 5-1　输入不同手机品牌时的程序运行效果

任务二　深入学习类的成员

任务说明

任务一中我们已经了解了类的基本成员，下面继续学习类中较难理解的一些概念。

预备知识

一、构造函数

构造函数是一种特殊的方法，具有与类相同的名称，用于创建对象时初始化对象，即为对象成员变量赋初始值。

构造函数的声明格式如下：

```
class 类名称                        //创建类
{
    public 类名称([参数列表])        //创建构造函数
    {
        ......
    }
}
```

每个类都有构造函数，即使没有声明它，编译器也会自动提供一个默认的构造函数。构造函数与普通方法的不同之处在于：

➢ 构造函数的名称必须和类名完全相同。

➢ 构造函数没有返回值，也不能用 void 来修饰。

➢ 构造函数一般不能直接显式调用，在创建对象时系统会自动调用。

下面通过一段代码来了解构造函数的使用：

```
namespace ConsoleApplication1
{
    class 航空公司                            //声明类
    {
        public string 售票员;
        public 航空公司()                       //定义构造函数
        {
            string 公司名称 = "南方航空公司";
            Console.WriteLine("构造函数已经被初始化，其作用是指定了航空公司！");
            Console.WriteLine("公司名称:"+公司名称);
        }
        public void 机票信息()                  //定义方法
        {
            string 航班 = "CZ6219";
            string 起飞时间 = "09:00";
            string 起飞地点 = "哈尔滨太平机场";
            string 到达时间 = "10:45";
            string 到达地点 = "北京首都机场 T2";
            string 飞机型号 = "空客 A320";
            decimal 票价= 380;
            string 座位号 = "经济舱 A32";
            Console.WriteLine("航班："+航班);
            Console.WriteLine("起飞时间： " + 起飞时间);
            Console.WriteLine("起飞地点： " + 起飞地点);
            Console.WriteLine("到达时间： " + 到达时间);
            Console.WriteLine("到达地点： " + 到达地点);
            Console.WriteLine("飞机型号： " + 飞机型号);
            Console.WriteLine("票价： "+票价);
            Console.WriteLine("座位号： "+座位号);
        }
        public static void Main(string[] args)         //主函数
        {
            航空公司 航空公司1 = new 航空公司();    //创建对象
            航空公司1.售票员 = "王红";                //为对象中的变量赋值
```

```
        Console.WriteLine("您购买的机票信息如下：");
        Console.WriteLine("售票员是："+ 航空公司 1.售票员);
        航空公司 1.机票信息();                    //访问对象中的方法
        Console.ReadKey();
        }
    }
}
```

程序运行结果如图 5-2 所示。

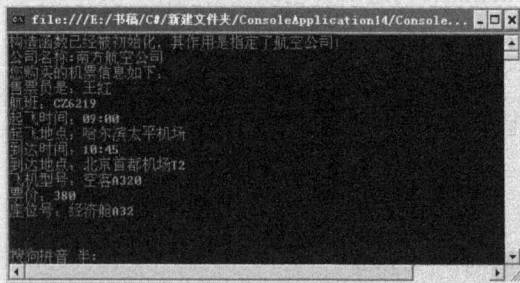

图 5-2　构造函数程序运行结果

从代码的运行结果中可以得出，在访问一个类的时候，系统将首先执行构造函数中的语句。

在 C# 中，一个类可以有多个构造函数，其重载方法与普通方法相同，用户可以通过传递不同的参数来实现对不同类实例的初始化处理。

如果将构造函数声明为 private 类型，则说明此类不允许其他类（除了嵌套类）创建该类的实例，通常只用于含有静态成员的类。

另外，用关键字 static 声明的构造函数称为静态构造函数，它是 C# 的一个新特性。当用户需要初始化一些静态变量时就需要使用静态构造函数。静态构造函数只会执行一次，它是属于类的，而不只属于某个实例。

二、析构函数

构造函数的功能是在创建对象时将对象初始化。析构函数与构造函数的功能正好相反，它用来释放一个对象所占用的内存。

析构函数的名称由类名前加上"～"字符构成，声明格式如下：

```
class 类名
{
    ～ 类名()        //声明析构函数
```

```
        {
            ......
        }
    }
```

析构函数具有以下几个特征：
➢　没有返回值，没有修饰符，也没有参数。
➢　一个类只能有一个析构函数。
➢　不能继承或重载析构函数。
➢　不能显式调用析构函数，它们是系统自动调用的。
下面通过一段代码来学习析构函数的使用：

```
namespace ConsoleApplication1
{
    class First
    {
        ~First()
        {
            Console.WriteLine("第一个析构函数被调用！");
        }
    }
    class Second : First
    {
        ~Second()
        {
            Console.WriteLine("第二个析构函数被调用！");
        }
    }
    class Third : Second
    {
        ~Third()
        {
            Console.WriteLine("第三个析构函数被调用！");
        }
    }
    class TestDestructors
```

```
    {
        static void Main()
        {
            Third t = new Third();   //创建一个第三个类的对象
        }
    }
}
```

上面的代码中创建三个类，这三个类构成了一个继承链。类 First 是基类，Second 派生自 First，Third 派生自 Second。这三个类都有析构函数，在 Main()中创建的是派生程度最大的 Third 类的对象。按【Ctrl+F5】键，执行程序，得到如图 5-3 所示的结果。

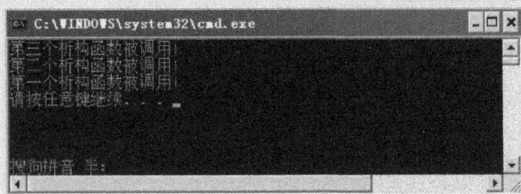

图 5-3　析构函数程序运行结果

从运行结果可知，当程序运行时，这三个类的析构函数将自动被调用，并且是按照派生程度依次递减的次序调用。

三、this 关键字

一个类可以生成多个对象，例如，生成 Person 类的两个对象 P1 和 P2：

Person P1 = new Person("李四",30);
Person P2 = new Person("张三",40);

假设 Person 类中有 Display()方法用于显示人员信息，此时调用 P1.Display()方法会显示李四的信息，调用 P2.Display()方法会显示张三的信息。

那么我们思考一个问题：无论用户创建多少个对象，类中只有一个方法 Display()，该方法如何确定应显示哪个对象的信息呢？

其实，C# 语言通过引用变量 this 记录调用 Display()方法的对象，当某个对象调用此方法时，this 便引用该对象（即记录该对象的地址）。即 P1.Display()，this 引用对象 P1，显示李四信息；P2.Display()，this 引用对象 P2，显示张三信息。

关键字 this 有两种基本的用法：一是访问当前类成员，二是在声明构造函数时指定需要先执行的构造函数。

（一）访问当前类成员

在使用 this 关键字访问当前类成员时要注意以下两点：

➤ this 是类中隐含的引用变量，它是被自动赋值的，可以使用但不能修改。

➤ 类的静态成员并不是某个对象的一部分，因此，在静态方法中引用 this 关键字是错误的。

下面通过一段代码来了解 this 关键字的使用：

```
public class Student
{
    public string name;
    public int age;
    public Student()
    {
    }
    public Student(string name)      //在这个函数内，name 是指传入的参数 name
    {
        this.name = name;            //this.name 表示字段 name
    }
    public Student(string name, int age)
    {   //当参数和变量同名的时候必须使用 this
        this.name = name;                // this.name 表示字段 name
        this.age = age;                  // this.age 表示字段 age
    }
}
```

> **提示**　非静态成员在构造函数或非静态方法中可以使用变量的名字，但当变量与参数同名时，程序中会出现类似于 name = name 的情形，所以要通过 this 关键字表示等号左边的 name 是当前类自己的变量。

（二）this 用于构造函数声明

在 C# 构造函数中，可以使用如下的形式来声明构造函数：

```
<访问修饰符> 类名 (形式参数表) : this(实际参数表)
{
        //语句块
}
```

其中 this 表示该类本身所声明的、形式参数表与实际参数表最匹配的另一个实例构造函数，这个构造函数会在执行正在声明的构造函数之前执行。

下面通过一段代码来了解 this 的这种用法：

```csharp
using System;
class M                                    //定义 M 类
{
        public M(int n)                    //声明一个关键字的构造函数
        {
          Console.WriteLine("M.M(int n)");
        }
        public M(string s, int n) : this(0)    //声明两个关键字的构造函数
        {
          Console.WriteLine("M.M(string s, int n)");
        }
}
class Test                                 //定义 Test 类
{
        static void Main()
        {
          M a = new M("M Class", 1);       //定义实例对象 a
          Console.ReadKey();
        }
}
```

输出结果为

```
M.M(int n)
M.M(string s, int n)
```

从执行的结果这说明，执行构造函数 M（string s, int n）之前先执行了构造函数 M（int n）。

四、属性

在 C# 中，用户可以直接读写属性为 public 的字段值，在一些场合，比如安全性要求较高的银行 ATM 系统，这样的访问方式不太安全。为避免在对象不知道的情况下私有字段被更改，C# 中提出了属性的概念。

属性充分体现了对象的封装性，用户不直接操作类的相关数据，而是通过其提供的

访问器进行访问。属性可以是类、结构和接口的成员，其定义的形式为

```
访问修饰符 数据类型 标识符
{
    //访问器声明;
}
```

访问器有 get 访问器和 set 访问器两种，其声明的格式如下：

```
get
{
    return 要访问的成员;
}
set
{
    要设置值的成员=value;
}
```

提示　　代码中的 value 是 C# 的关键字，是进行属性操作时 set 的隐含参数。

属性提供了两种访问操作：get 和 set（至少应包括其中的一个）。当读取属性时，执行 get 访问器的代码块；当向属性分配一个新值时，执行 set 访问器的代码块。不具有 set 访问器的属性被视为只读属性，不具有 get 访问器的属性被视为只写属性，同时具有这两个访问器的属性被视为读写属性。

使用 get 访问器时要注意，其使用 return 要返回的值必须与属性声明的数据类型相同，或能够隐式地转换为属性声明的数据类型。set 访问器的值是通过隐含的参数 value 带进来的，其数据类型也必须与属性声明的数据类型相同或能够进行隐式转换。

下面通过一段代码来了解一下属性的应用。

```
public class Date
{
    private int month = 7;
    public int Month
    {
        get
        {
            return month;
        }
```

```
            set
            {
                if ((value > 0) && (value <= 12))
                {
                    month = value;
                }
            }
        }
    }
```

Month 是作为属性声明的，这样 set 访问器可确保 Month 值设置在 0 到 12 之间。访问属性值的语法格式和访问变量基本相同，如下所示：

```
Date S = new Date ();
S. Month = 10;
```

但属性的本质是方法，与字段不同，因此，不能将属性作为 ref 参数或 out 参数传递。当然属性的用法不仅限于读写字段的值，它具有广泛的应用，例如在更改前验证数据、当数据被更改时可引发事件或更改其他字段的值等。

属性也可以通过访问修饰符来限制用户的访问权限。同一属性的 get 和 set 访问器可以具有不同的访问修饰符。例如，get 可能由 public 修饰以允许来自类型外的只读访问；set 可以由 private 或 protected 修饰。还可以使用关键字 static,virtual,sealed 和 abstract 来标记属性，这些知识将在后续的课程中详细介绍。

任务实施——计算矩形面积

设计一控制台程序计算矩形的面积。通过属性的相关知识来控制矩形边长（即长和宽数值）的异常，当边长为负数时给出异常信息。

实施步骤

步骤 1　新建一控制台应用程序，将其命名为 Test，在 Program.cs 文件中输入控制代码，如【代码 5-2】所示。

【代码 5-2】

```
namespace Test
{
    class mm
    {
        private int width;
```

```
        protected int height;
        public int Width
        {
            get
            {
                return width;
            }
            set        //若所赋的值不合理，则会输出指定的提示。
            {
                if (value > 0)
                    width = value;
                else
                    Console.WriteLine("宽的值不能为负数！");
            }
        }
        public int Height
        {
            get
            {
                return height;
            }
            set
            {
                if (value > 0)
                    height = value;
                else
                    Console.WriteLine("高的值不能为负数！");
            }
        }
        public int Area
        {
            get
            {
                return width * height;
```

```
        }
    }
    public mm()
    { }
    public mm(int x,int y)
    {
        Width = x;
        Height = y;
    }
    static void Main(string[] args)
    {
        mm rect = new mm();
        rect.Width = 3;
        rect.Height = 8;
    Console.WriteLine("宽={0},高={1},面积={2}",rect.Width,rect.Height,rect.Area);
        rect.Width = -3;
        rect.Height = -8;
    Console.WriteLine("宽={0},高={1},面积={2}", rect.Width, rect.Height, rect.Area);
                mm rect1 = new mm(-10,-12);
    Console.WriteLine("宽={0},高={1},面积={2}",rect1.Width, rect1.Height, rect1.Area);
                Console.ReadKey();
    }
}
}
```

步骤 2 按【F5】键调试程序，运行效果如图 5-4 所示。

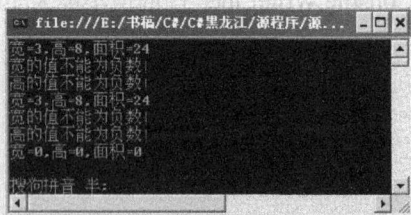

图 5-4 计算矩形面积程序运行效果

项目总结

项目五分为两个任务，主要学习类和对象的相关知识。任务一中介绍了类的声明、类的成员以及创建对象的方法；任务二中介绍了类的成员的使用方法。读者在学完本项目内容后，应重点掌握以下知识：

➤ 类的修饰符及其含义。
➤ 对象的生成和使用方式。
➤ 类成员的访问方法。
➤ 构造函数和析构函数的使用。
➤ this 关键字和属性的使用。

项目考核

一、选择题

1. 在类作用域中能够通过直接使用该类的_____成员名进行访问。

　 A. 私有　　　　　 B. 公用　　　　　 C. 保护　　　　　 D. 任何

2. 在类的成员中，用于存储属性值的是_____。

　 A. 属性　　　　　 B. 方法　　　　　 C. 事件　　　　　 D. 成员变量

3. 在 C# 中自定义类 MyClass，并创建了该类的对象。

```
public void Hello()
{
    …
}
MyClass obj = new MyClass();
```

若要访问类 MyClass 的 Hello 方法，正确的格式为_____。

　 A. obj.Hello();　　　　　　　　 B. obj::Hello();

　 C. MyClass.Hello();　　　　　　 D. MyClass::Hello();

4. 分析下列 C# 语句是否正确，若需为 MyClass 类添加访问修饰符，则应选择_____。

```
namespace ClassLibrary1
{
    class MyClass            //注意：类 MyClass 没有访问修饰符
    {
```

```
public class subclass
{
    int i;
}
}
}
```

A．private　　　B．protected　　　C．internal　　　D．public

5．（多选）分析下列程序：

```
public class class4
{
    private string _sData = "";
    public string sData
    {
        set
        {
            _sData = value;
        }
    }
}
```

在 Main 函数中，在成功创建该类的对象 obj 后，下列哪些语句是合法的？_____

A．obj.sData = "It is funny!";　　　B．Console.WriteLine(obj.sData);

C．obj._sData = 100;　　　D．obj.set(obj.sData);

6．类 MyClass 中的属性 count 属于_____属性。

```
class MyClass
{
    int i;
    int count
    {
        get
        { return i; }
    }
}
```

A．只读　　　B．只写　　　C．可读写　　　D．不可读不可写

7. 类 MyClass 中，下列哪条语句定义了一个只读的属性 Count？＿＿＿＿＿

 A. private int Count;

 B. private int count; public int Count{ get{return Count;} }

 C. public readonly int Count;

 D. public readonly int Count { get{ return Count;} set{Count = value;} }

8. （多选）下面对字段说法正确的有＿＿＿＿＿＿。

 A. 字段可以用 static 修饰符

 B. 使用字段前必须对它进行初始化

 C. 字段就是变量

 D. 字段只能声明为只读的

二、简答题

1. 简述类的修饰符及其作用。
2. 简述构造函数和析构函数的特征。

项目实训

实训一　获取汽车品牌信息

创建一个控制台应用程序，根据用户输入的汽车品牌，输出相应汽车详细信息。程序运行效果如图 5-5 所示。

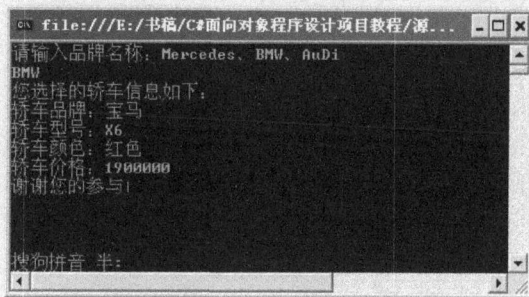

图 5-5　获取汽车品牌程序运行效果

实训二　计算圆柱体的体积

创建一个控制台应用程序，根据用户输入的相关数据计算圆柱体的体积（要求利用属性知识解决数值为负数的异常问题），程序运行效果如图 5-6 所示。

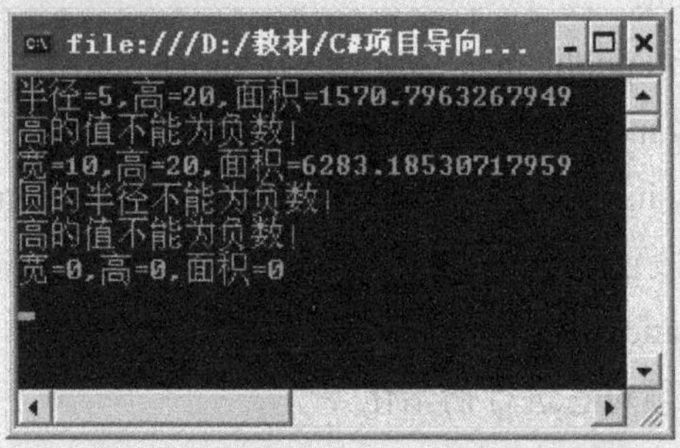

图 5-6　计算圆柱体体积程序运行效果

项目六 继承与多态
——提高开发效率的妙招

项目导读

为了提高软件模块的可复用性和可扩充性，在实际的软件开发过程中，我们总是希望能够利用前人或自己以前的开发成果，同时也希望在开发过程中能够有足够的灵活性。C# 编程语言提供了两个重要的特性——继承和多态来满足这两种需求。继承机制好比生物学中的遗传体系，而多态性则与生物学中所指同一种族的生物体具有不同特性的多态含义十分类似。

知识目标

- 理解继承的含义，掌握实现继承的方法。
- 继承关系中构造函数的执行顺序。
- 理解多态的含义，掌握实现多态性的方法。

任务一 学习继承

任务说明

继承是面向对象理论中最重要的一种机制，为应用程序提供了强大的扩充能力，在本任务中我们就来学习继承的相关知识。

预备知识

一、继承的含义及实现

继承是在类之间建立一种传承关系，通过继承一个现有的类，新创建的类不需要编写任何程序代码便可以直接拥有所继承类的功能；同时还可以创建自己的专有功能，建立起类的新层次。其中，创建的新类称为派生类或子类，被继承的类称为基类或父类。

实现继承的语法格式为

```
[访问修饰符] class <派生类名>:<基类名>        //用冒号来实现类之间的继承
{
        <派生类中新成员的声明>
}
```

例如：在下面的代码中，A 类为基类或父类，B 类为派生类或子类。

```
public class A
{
    ...
}
public class B:A
{
    ...
}
```

在 C# 中，当一个类继承另一个类后，即子类继承自父类后，子类从它的直接父类中隐式继承了允许继承的成员。这里需要读者注意的是，父类中只有被"public""protected"和"internal"访问修饰符修饰的成员可以被继承；这些成员包括字段、属性、方法、索引器等，但不包括构造方法和析构方法。

C# 中类的继承机制具有两个特点。

（1）传递性

继承是可以传递的。若 C 类从 B 类派生，B 类又从 A 类派生，那么 C 类不仅继承了 B 中可访问的成员，也继承了 A 中可访问的成员。

（2）单一性

在 C# 语言中，类的继承只支持单一继承，不支持多重继承。派生类只能从一个类中继承，即派生类只能有一个基类。

现实生活中的猫和狗都属于动物，但它们也有自己特有的一些行为：叫声不同、作用不同等。下面编写一个控制台应用程序，用于演示继承的实现。

```
namespace CatAndDog1
{
    class Program
    {
        static void Main(string[] args)
        {
            //创建一个 cat 对象
```

```
        Cat cat = new Cat();
        cat.Shout();
        cat.CatShout();
        //创建一个 dog 对象
        Dog dog = new Dog();
        dog.Shout();
        dog.DogShout();
    }
}
//声明 Animal（动物）基类
class Animal
{
    public void Shout()
    {
        Console.WriteLine("动物叫！");
    }
}
//声明 Cat（猫）派生类
class Cat:Animal
{
    public void CatShout()
    {
        Console.WriteLine("我是小猫喵喵叫！");
    }
}
//声明 Dog（狗）派生类
class Dog:Animal
{
    public void DogShout()
    {
        Console.WriteLine("我是小狗汪汪叫！");
    }
}
}
```

程序运行结果为

动物叫！

我是小猫喵喵叫！

动物叫！

我是小狗汪汪叫！

在本例中创建了一个基类 Animal 和两个派生类 Cat 和 Dog，并分别在基类中声明了 Shout()方法，在派生类 Cat 中声明了 CatShout()方法，在派生类 Dog 中声明了 DogShout() 方法。接着在 Main 方法中分别创建了派生类的对象 cat 和 dog，并利用派生类的对象调用基类的 Shout()方法和自身定义的 CatShout()或 DogShout()方法，用于显示输出结果。由此可见，派生类不仅可以访问基类中对外允许访问的成员，还可以扩展基类的内容、添加新的方法。

二、继承中构造函数的执行

类成员的初始化工作由构造函数完成，但构造函数不能继承，创建派生类的对象时，会先调用基类的构造方法，再调用派生类的构造方法。如果派生类的基类也是派生类，那么构造函数的执行从最上面的基类开始，直到最后一个派生类结束。

在继承关系中构造函数的执行遵循以下两条基本原则。

1. 派生类构造函数自动调用基类不带参数的构造函数

① 如果基类没有自定义构造函数，派生类定义构造函数，则全部采用默认的构造函数（若类内没有定义构造函数，系统会自动隐式生成一个不带参数的构造函数）。如果只有派生类自定义了构造函数，只需构造派生类对象即可，对象的基类部分使用默认构造函数来自动创建。例如：

```
namespace MyGouZao
{
    class Program
    {
        static void Main(string[] args)
        {
            DerivedClass dc = new DerivedClass();
            dc.Show();
        }
        class BaseClass
        {
```

```
public void Show()
{
    Console.WriteLine("基类中的 Show 方法！");
}
}
class DerivedClass : BaseClass
{
    public DerivedClass()
    {
        Console.WriteLine("派生类构造函数中的内容！");
    }
}
}
```

程序运行结果为

派生类构造函数中的内容！

基类中的 Show 方法！

从代码中可以看到,基类中没有自定义的构造函数,而派生类中自定义了构造函数。在 Main 方法中声明派生类的对象 dc 时会自动调用派生类自定义的构造函数。

② 在基类中声明一个无参数的构造函数来替换默认的构造函数,那么它可以隐式地被派生类调用。例如:

```
namespace MyBase
{
    class Program
    {
        static void Main(string[] args)
        {
            DerivedClass dc = new DerivedClass();
        }
        class BaseClass
        {
            public BaseClass()
            {
                Console.WriteLine("基类中的构造函数中的内容！");
```

```
        }
      }
      class DerivedClass : BaseClass
      {
      }
    }
  }
```

程序运行结果为

基类中的构造函数中的内容！

程序在基类定义了构造函数，其功能是输出信息。在派生类中没定义任何内容。从运行结果看，基类中无参数的构造函数在创建派生类的对象时被隐式调用。

2. 基类中带参数的构造函数必须显式调用

如果基类中声明了带有参数的构造函数，派生类要使用 base 关键字来指定创建派生类实例时应调用的基类构造函数。下面看一段代码：

```csharp
namespace MyGouZao
{
    class Program
    {
        static void Main(string[] args)
        {
            DerivedClass dc = new DerivedClass(5, 6);
        }
    }
    class BaseClass
    {
        //基类中无参数的构造函数
        public BaseClass()
        {
            Console.WriteLine("基类无参构造函数被调用。");
        }
        //基类中带参数的构造函数
        public BaseClass(int x, int y)
        {
            int result = x + y;
```

```
        Console.WriteLine("基类构造函数中的内容： ");
        Console.WriteLine("x={0}，y={1}，两个数的和为：{2}", x, y, result);
        Console.WriteLine();
        }
    }
    class DerivedClass : BaseClass
    {
//在派生类的构造函数中使用 base 指定创建派生类对象时应调用的基类构造函数
        public DerivedClass(int x, int y)
                : base(x, y)              //使用 base 向基类的构造函数传递参数
        {
            int result = x * y;
            Console.WriteLine("派生类构造函数中的内容： ");
            Console.WriteLine("x={0}，y={1}，两个数的积为：{2}", x, y, result);
            Console.WriteLine();
        }
    }
}
```

程序运行结果为

基类构造函数中的内容：

x=5，y=6，两个数的和为：11

派生类构造函数中的内容：

x=5，y=6，两个数的积为：30

上述程序 Main 方法中，在创建派生类 DerivedClass 的实例时，先会调用基类的带参数的构造函数，再调用自己的带参数的构造函数，其中基类构造函数的参数由 base 关键字进行传递。

三、从派生类访问基类成员

与调用基类构造函数类似，在 C# 中，派生类通过 base 关键字访问基类的成员，但读者需要注意派生类无权访问基类中的 private 成员，并且在静态方法中不能使用 base 关键字。

下面看一段代码，了解从派生类访问基类成员的方法。

```
namespace MyCat
{
    class Program
    {
        static void Main(string[] args)
        {
            Cat cat = new Cat();            //声明一个猫的对象
            cat.CatShout();
        }
    }
    class Animal                            //声明 Animal（动物）基类
    {
        public void Shout()
        {
            Console.WriteLine("动物叫！ ");
        }
    }
    class Cat : Animal                      //声明 Cat（猫）派生类
    {
        public void CatShout()
        {
            base.Shout();                   //在派生类中调用基类的 Shout 方法
            Console.WriteLine("我是小猫喵喵叫！ ");
        }
    }
}
```

程序运行结果为

动物叫！

我是小猫喵喵叫！

四、隐藏基类成员

有时我们不希望派生类继承基类中的代码，需要隐藏部分或全部基类成员，可以通过以下两种方法实现：

（一）使用密封类隐藏基类成员

C# 提出了密封类（sealed class）的概念，在类的声明中以 sealed 修饰。密封类不能有派生类，使用密封类可以防止对类的继承。

例如：

```
abstract class A                      //抽象类 A
{
    public abstract void F( ) ;       //抽象类 A 中的抽象方法
}
sealed class B: A                     //密封类 B 继承抽象类 A
{
    public override void F( )         //在派生类 B 中重写抽象类 A 中的抽象方法
    { // F 的具体实现代码 }
}
```

如果尝试编写下面的代码：

```
class C: B{ }                         //错！类 B 是密封类，密封类不能被继承
```

C# 会指出这个错误，在错误列表中告知用户类 B 是一个密封类，不能试图从 B 中派生任何类。另外，还可以在重写基类中的虚方法或虚属性上使用 sealed 修饰符，这样可以防止派生类重写基类的特定虚方法或虚属性。

请看下面的代码：

```
using System ;
class A
{
    public virtual void F( )
    {
        Console.WriteLine("A.F") ;
    }
    public virtual void G( )
    {
        Console.WriteLine("A.G") ;
    }
}
class B: A
{
    sealed override public void F( )                    // F( )是密封方法
```

```
        {
            Console.WriteLine("B.F") ;
        }
    override public void G( )
        {
            Console.WriteLine("B.G") ;
        }
}
class C: B
{
        override public void G( )
        {
            Console.WriteLine("C.G") ;
        }
}
```

在上面的代码中，类 B 对基类 A 中的两个虚方法均进行了重载，其中 F 方法使用了 sealed 修饰符，成为一个密封方法。G 方法不是密封方法，所以在 B 的派生类 C 中，可以重载方法 G，但不能重载方法 F。

提示　　关于虚方法重载的知识将在任务二中进行介绍。这里需要提醒读者的是，在方法的声明中，sealed 总是和 override 修饰符同时使用。

（二）使用 new 修饰符隐藏基类成员

使用 new 修饰符可以显式隐藏从基类继承的成员。下面来看一段代码：

```
public class MyBase
{
    public static int x = 55 ;
    public static int y = 22 ;
}
public class MyDerived : MyBase
{
    new public static int x = 100;          //利用 new 隐藏基类的 x
    public static void Main()
    {
        // 打印 x:
```

```
Console.WriteLine(x);
//访问隐藏基类的 x:
Console.WriteLine(MyBase.x);
//打印不隐藏的 y:
Console.WriteLine(y);
    }
}
```

输出结果为

100   55   22

在上例中，基类 MyBase 和派生类 MyDerived 使用相同的字段名 x，从而隐藏了继承字段的值。该例说明了 new 修饰符的使用，同时也说明了如何使用完全限定名访问基类的隐藏成员。

> **提示**
>
> 在同一成员上同时使用 new 和 override 修饰符是错误的。

任务实施——猫狗继承问题

创建一个应用程序，实现 Cat 类和 Dog 类对动物 Animal 类的继承。

实施步骤

步骤 1 新建一个 Windows 窗体应用程序，将其命名为 CatAndDog。在"解决方案资源管理器"的项目名称"CatAndDog"上右击鼠标，在弹出的快捷菜单中选择"添加"→"类"命令，将添加的类命名为"Animal.cs"，代码编写如下：

```
public class Animal                    //创建 Animal 类
{
    //构造函数的声明
    public Animal() { }
    public Animal(string nick, int age, string species)
    {
            this.Nick = nick;
            this.Age = age;
            this.Species = species;
    }
    //私有字段
```

```
        private int age;                        //年龄
        private string nick;                    //昵称
        private string species;                 //品种
        //公有属性
        public int Age
        {
            get { return age; }
            set
            {
                if (value > 0 && value < 100)
                    age = value;
                else
                    age = 1;
            }
        }
        public string Nick
        {
            get { return nick; }
            set { nick = value; }
        }
        public string Species
        {
            get { return species; }
            set { species = value; }
        }
    }
```

步骤 2　参照步骤 1 中的方法添加 Cat 类，命名为 "Cat.cs"，编写代码如下：

```
    public class Cat:Animal
    {
        //构造函数的声明
        public Cat() { }
        public Cat(string nick, int age, string species, string hobby)
        {
            //继承自父类的属性
```

```
        this.Nick = nick;
        this.Age = age;
        this.Species = species;
        //猫类扩展的属性
        this.Hobby = hobby;
    }
    //爱好的字段和属性的声明
    private string hobby;
    public string Hobby
    {
        get { return hobby; }
        set { hobby = value; }
    }
    //猫类的方法
    public string Shout()
    {
        string s;
        s = string.Format("大家好，我是小猫{0}，今年{1}岁了，我属于{2}，
                我喜欢{3}！", this.Nick, this.Age, this.Species, this.hobby);
        return s;
    }
}
```

步骤 3 添加 Dog 类，命名为 "Dog.cs"，编写代码如下：

```
public class Dog:Animal
{
    //构造函数的声明
    public Dog() { }
    public Dog(string nick, int age, string species, int popularity)
            :base(nick,age,species)
    {
        //继承自父类的属性
        this.Nick = nick;
        this.Age = age;
        this.Species = species;
```

```
        //狗类扩展的属性
        this.Popularity = popularity;
    }
//人气指数的字段和属性的声明
private int popularity;
public int Popularity
{
        get { return popularity; }
        set { popularity = value; }
}
//狗类的方法
public string Shout()
{
        string s;
        s = string.Format("大家好，我是小狗{0}，今年{1}岁了，我属于{2}，
我的人气指数是{3}！ ",this.Nick, this.Age, this.Species, this.Popularity);
        return s;
    }
}
```

步骤4 将现有的窗体 Form1.cs，更名为"frmMain.cs"，并在窗体中添加两个按钮，如图 6-1 所示。

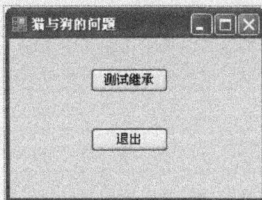

图 6-1 窗体的外观

步骤5 分别双击窗体中的两个按钮，编写按钮的单击事件处理程序，代码如下：

```
private void btnOK_Click(object sender, EventArgs e)
{
        Cat cat = new Cat("豆豆", 2, "波斯猫", "玩毛线团");
        Dog dog = new Dog("皮皮", 5, "吉娃娃", 2000);
        MessageBox.Show(cat.Shout());
```

```
            MessageBox.Show(dog.Shout());
        }
        private void btnExit_Click(object sender, EventArgs e)
        {
            this.Close();
        }
```

步骤6 按【F5】键调试程序，运行效果如图 6-2 和 6-3 所示。

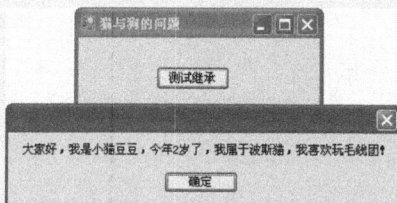

图 6-2　调用 cat 类的方法的执行结果　　　　图 6-3　调用 dog 类的方法的执行结果

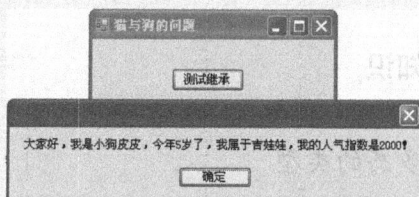

步骤7 右击"解决方案资源管理器"的项目名称，在弹出的快捷菜单中选择"查看类
关系图"命令，在系统自动打开的选项页中可以看到如图 6-4 所示的类之间的
继承关系图。

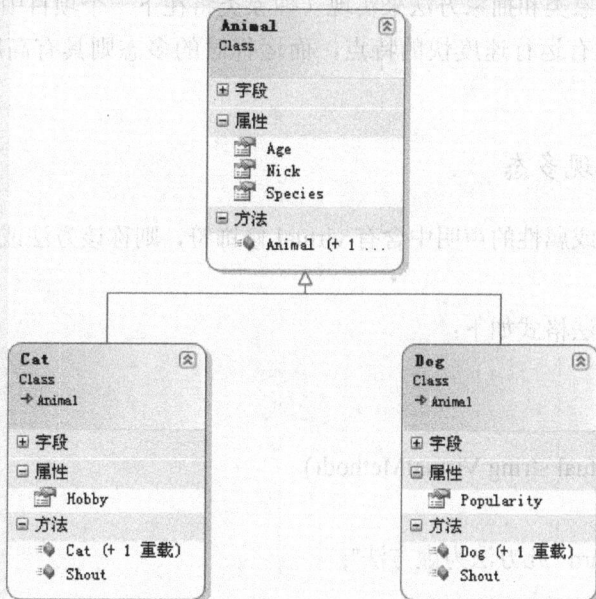

图 6-4　类关系图

任务二　学习类的多态性

任务说明

"多态性"一词最早用于生物学,指同一种族的生物体具有不同的特性。在 C# 中,多态性的定义是:同一操作作用于不同类的实例,将进行不同的解释,最后产生不同的执行结果。

预备知识

一、多态的类型

C# 多态性分为两种,一种是编译时的多态性,一种是运行时的多态性。

➢ **编译时的多态性**:是指对于非虚的类成员来说,系统在编译时,根据传递的参数、返回值的类型等信息决定实现何种操作。方法重载就属于编译时的多态性。

➢ **运行时的多态性**:是指直到程序运行时,才根据实际情况决定实现何种操作。运行时的多态性有两种实现途径:一是通过在子类中重写父类的虚方法来实现;二是通过抽象类和抽象方法来实现(抽象类将在下一个项目中介绍)。

编译时的多态具有运行速度快的特点,而运行时的多态则具有高度灵活和抽象的特点。

二、使用虚方法实现多态

若一个实例方法或属性的声明中含有 virtual 修饰符,则称该方法或属性为虚方法或虚属性。

声明虚方法的语法格式如下:

```
class BaseClass
{
        public virtual string VirtualMethod()
        {
                return "此方法为虚方法";
        }
}
```

其中,类 BaseClass 中的 VirtualMethod()就是虚方法。

虚方法的实现可以由派生类取代,它的执行方式可以被派生类改变,取代所继承的虚方法实现的过程称为重写（override）该方法。

在派生类中对虚方法进行重写时，要求方法的名称、可访问性、返回类型、参数的个数、参数的类型、参数的顺序都必须与基类中的虚方法完全相同，且不能有 new,static 或 virtual 修饰符。

这里重写 BaseClass 类中的 VirtualMethod()方法，代码如下：

```
class DerivedClass : BaseClass
{
        public override string VirtualMethod()
        {
                return "此方法为重写后的方法";
        }
}
```

下面通过一个实例来说明如何使用虚方法实现运行时的多态。

```
namespace MyShout
{
    class Program
    {
        static void Main(string[] args)
        {
            Animal animal;
            animal= new Dog();
            animal.Shout();

            animal = new Cat();
            animal.Shout();

            animal = new Animal();
            animal.Shout();
        }
    }
    class Animal
    {
        public virtual void Shout()
        {
```

```
                Console.WriteLine("动物叫");
            }
        }
        class Dog : Animal
        {
            public override void Shout()
            {
                Console.WriteLine("我是小狗汪汪叫!");
            }
        }
        class Cat : Animal
        {
            public override void Shout()
            {
                Console.WriteLine("我是小猫喵喵叫!");
            }
        }
    }
```

程序运行结果为

我是小狗汪汪叫!

我是小猫喵喵叫!

动物叫

以上程序中，Animal 类为基类，定义了一个虚方法 Shout()，Dog 类和 Cat 类都继承自 Animal 类，并在派生类中重写了虚方法 Shout()。

当基类对象指向派生类时，虚方法重写的多态特性就体现出来了。程序中 3 次调用 Shout()方法,但由于调用该方法的对象在运行时分别创建为 Dog 对象、Cat 对象和 Animal 对象，因此最后产生了不同的执行效果。

任务实施——多态性应用案例

通过继承、虚方法等相关知识,创建一个控制台应用程序用于模拟绘制不同的形状。

实施步骤

步骤1 新建一个控制台应用程序，将其命名为 MyOverride，在 Program.cs 文件中编写代码如下：

```
namespace MyOverride
{
    class Program
    {
        static void Main(string[] args)
        {
            DrawObject[] obj = new DrawObject[4];
            obj[0] = new DrawLine();
            obj[1] = new DrawCircle();
            obj[2] = new DrawRectangle();
            obj[3] = new DrawObject();
            foreach (DrawObject drawObj in obj)
            {
                drawObj.Draw();
            }
        }
    }
    public class DrawObject
    {
        public virtual void Draw()
        {
            Console.WriteLine("在基类中绘制对象。");
        }
    }
    public class DrawLine : DrawObject
    {
        public override void Draw()
        {
            Console.WriteLine("我要画一条直线。");
        }
    }
    public class DrawCircle : DrawObject
    {
        public override void Draw()
```

```
            {
                Console.WriteLine("我要画一个圆。");
            }
        }
        public class DrawRectangle : DrawObject
        {
            public override void Draw()
            {
                Console.WriteLine("我要画一个矩形。");
            }
        }
    }
```

步骤 2　按【Ctrl+F5】键执行程序，执行结果如图 6-5 所示。

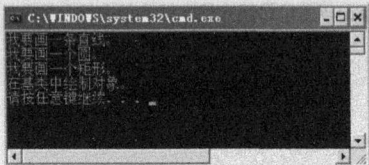

图 6-5　绘制形状程序运行效果

项目总结

　　项目六分为两个任务，介绍了继承和多态的相关知识。任务一中介绍了类继承的含义、继承中构造函数的执行、从派生类访问基类和在派生类中隐藏基类对象的方法。任务二介绍了类的多态性。读者在学完本项目内容后，应重点掌握以下知识：

> ➢　继承的实现方法。
> ➢　派生类中访问和隐藏基类成员的方法。
> ➢　使用虚方法实现多态的方法。

项目考核

一、选择题

　　1. 类的以下特性中，可以用于方便地重用已有的代码和数据的是_____。

　　　　A. 多态　　　　　B. 封装　　　　　C. 继承　　　　　D. 抽象

2. 关于虚方法实现多态，下列说法错误的是_____。

　　A. 定义虚方法使用关键字 virtual

　　B. 关键字 virtual 可以与 override 一起使用

　　C. 虚方法是实现多态的一种应用形式

　　D. 派生类是实现多态的一种应用形式

3. 以下关于继承的说法错误的是_____。

　　A. .NET 框架类库中，object 类是所有类的基类

　　B. 派生类不能直接访问基类的私有成员

　　C. protected 修饰符既有公有成员的特点，又有私有成员的特点

　　D. 基类对象不能引用派生类对象

4. 继承具有_____，即当基类本身也是某一类的派生类时，派生类会自动继承间接基类的成员。

　　A. 规律性　　　　　B. 传递性　　　　　C. 重复性　　　　　D. 多样性

5. 在定义类时，如果希望类的某个方法能够在派生类中进一步进行改进，以处理不同的派生类的需要，则应将该方法声明成_____方法。

　　A. sealed　　　　　B. public　　　　　C. virtual　　　　　D. override

6. 已知类 B 是由类 A 继承而来，类 A 中有一个为 M 的非虚方法。现在希望在类 B 中也定义一个名为 M 的方法，若希望编译时不出现警告信息，则在类 B 中声明该方法时，应使用_____方法。

　　A. static　　　　　B. new　　　　　C. override　　　　　D. virtual

二、简答题

1. 继承和多态的含义及其实现方法。

2. 简述在子类中隐藏基类成员的方法。

项目实训　应用汽车类体验继承与多态

（1）设计一个控制台应用程序实现汽车与卡车的继承，体会继承和 protected 访问修饰符的用法。要求如下：

汽车类 Vehicle 有一个方法 vehicleRun()，该方法可以输出文字"汽车在行驶！"；卡车类 Truck 有一个方法 truckRun()，该方法可以输出文字"卡车在行驶！"。实例化一个卡车，分别调用汽车和卡车的方法；另外，方法成员要求用 protected 修饰。程序运行效果如图 6-6 所示。

图 6-6　程序运行效果（1）

（2）在上面程序的基础上，添加一个微型卡车类 SmallTruck，在该类中创建方法 smallTruckRun()，输出文字"微型卡车在行驶！"。实例化一个微型卡车，分别调用汽车、卡车和微型卡车的方法，体会继承的传递性特点。程序运行效果如图 6-7 所示。

图 6-7　程序运行效果（2）

（3）重新创建一个控制台应用程序，实现汽车、卡车与微型卡车的继承，体会继承、虚方法和多态的用法。要求如下：

① 汽车类 Vehicle 有一个虚方法 vehicleRun()，该方法可以输出文字"汽车在行驶！"。

② 卡车类 Truck 重写虚方法 vehicleRun()，该方法可以输出文字"卡车在行驶！"。

③ 微型卡车类 SmallTruck 也重写虚方法 vehicleRun ()，该方法可以输出文字"微型卡车在行驶！"。

④ 创建基类 Vehicle 的对象，分别指向基类和它的派生类，分别调用 3 次 vehicleRun() 方法，观察执行结果，程序运行效果如图 6-8 所示。

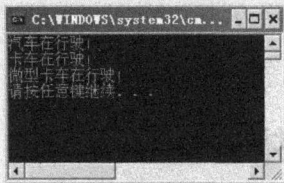

图 6-8　程序运行效果（3）

项目七　抽象类与接口
——创造类的样板

项目导读

通过前面项目的学习，我们已经对 C# 的类特性有一定的了解，在本项目中将继续学习与类有关的两个概念：抽象类和接口。抽象类是一种只实现部分内容的类，主要功能在于提供未来特定类所需的共同样板；接口是一套规范，只提供类的结构，没有实现代码。

知识目标

- ✍ 理解抽象类和抽象方法。
- ✍ 理解虚方法与抽象方法的区别。
- ✍ 理解接口的概念并熟练使用接口。
- ✍ 理解接口和抽象类的区别。

任务一　学习抽象类与抽象方法

任务说明

下面我们来学习抽象类和抽象方法的使用。

预备知识

一、抽象类

有时候，基类并不与具体的事物相联系，而只是表达一种抽象的概念，用来为它的派生类提供一个制作的样板，为此 C# 中引入了抽象类的概念。

抽象类使用关键字 abstract 修饰，定义抽象类的语法格式如下：

abstract class <类名>

```
{
    <类中成员的声明>
}
```

抽象类不能实例化，关于这点我们通过一个生活中的例子来理解：猫是一种动物，动物是对众多动物种类的一个统称；世界上存在着真实的猫，却并不存在着"动物"这个生物实体。在下面的代码中我们试图创建抽象类 Animal 的对象。在调试时，系统给出了如图 7-1 所示的错误提示。

```
abstract class Animal
{
    //……
}
Animal animal=new Animal();
```

图 7-1　实例化抽象类时出现的错误

二、抽象方法

声明一个方法时，如果加上 abstract 修饰符，那么这个方法就是抽象方法。只能在抽象类中声明抽象方法，而且方法中不能包含任何可执行代码，只需要给出方法的原型即可。定义抽象方法的语法格式如下：

```
abstract class <类名>
{
    [访问修饰符] abstract  返回类型  方法名();
}
```

> **提示**　　　抽象方法声明只是以一个分号结束，后面没有花括号。另外，声明方法时，不能使用 virtual,static 和 private 修饰符。

除非派生类依然是个抽象类，否则抽象类的派生类必须提供抽象方法的实现代码。例如：

```
abstract class Animal
{
    public abstract void Shout();               //抽象方法
```

```
}
class Cat: Animal
{
        public override void Shout()
        {
            //实现抽象方法
        }
}
```

> **提示**　在抽象类的派生类中要实现抽象方法，需要使用 override 关键字进行修饰。

在使用抽象方法和抽象类过程中，这里有以下几点需要注意：

① 抽象类允许包含抽象成员，但是这不是必须的；抽象类还可以包含非抽象成员。因此，包含抽象方法的类一定是抽象类，但抽象类中的方法不一定是抽象方法。

② 抽象类不能实例化，但可以引用子类对象。

③ 抽象方法在非抽象的派生类中必须被实现，且不能更改其修饰符。

④ 抽象类不能同时为密封类。

下面我们通过一个例子来了解抽象类的这些特性。

```
namespace CatAndDog
{
    abstract class Animal                    //声明 Animal（动物）抽象基类
    {
        public abstract void Shout();        //抽象方法
        public void Walk()                   //非抽象方法
        {
            Console.WriteLine("动物走路！");
        }
    }
    class Cat : Animal                       //声明 Cat（猫）派生类
    {
        public override void Shout()         //实现基类中的抽象方法
        {
            Console.WriteLine("我是小猫喵喵叫！");
        }
```

```
    }
    class Dog : Animal                    //声明 Dog（狗）派生类
    {
        public override void Shout()      //实现基类中的抽象方法
        {
            Console.WriteLine("我是小狗汪汪叫！");
        }
    }
    class Program
    {
        static void Main(string[] args)
        {
            Animal animal;
            animal = new Cat();           //抽象类引用子类对象
            animal.Shout();
            animal.Walk();
            animal = new Dog();
            animal.Shout();
            animal.Walk();
        }
    }
}
```

程序运行结果为

我是小猫喵喵叫！

动物走路！

我是小狗汪汪叫！

动物走路！

　　从代码中可以看到，Animal 为抽象类，Shout()为抽象方法，Cat 类和 Dog 类都继承自 Animal 类，并重写了 Shout()方法。在 Main 方法中同一句代码"animal.Shout();"因 animal 所引用的对象不同而输出不同的结果。从这一点我们可以看到，代码运行结果类似于项目六中"虚方法的重写"，都体现了多态的特征。

　　多态是面向对象编程语言的重要特征，虚方法和抽象类实现多态性的方式有所不同，如表 7-1 所示。

表 7-1　虚方法和抽象方法的对比

虚方法	抽象方法
用 virtual 修饰	用 abstract 修饰
必须要有方法的实现，哪怕是一个分号	不允许有方法的实现，只能有方法的声明
可以在派生类使用 override 重写	必须在派生类中使用 override 重写
可以在除了密封类以外的所有类中声明	只能在抽象类中声明

任务实施——抽象类应用案例

在项目六中，我们曾通过一个猫狗继承的案例学习了继承的相关知识，这里将案例进行改写，加入抽象类。

实施步骤

步骤 1　新建一个 Windows 窗体应用程序，将其命名为 CatAndDog。右击"解决方案资源管理器"的项目名称"CatAndDog"，在弹出的快捷菜单中选择"添加"→"类"命令，将添加的类命名为 "Animal.cs"，编写代码如下：

```
public abstract class Animal                  //创建 Animal 类
{
    //构造函数的声明
    public Animal() { }
    public Animal(string nick, int age, string species)
    {
        this.Nick = nick;
        this.Age = age;
        this.Species = species;
    }
    //私有字段
    private int age;                          //年龄
    private string nick;                      //昵称
    private string species;                   //品种
    //公有属性
    public int Age
```

```
        {
            get { return age; }
            set
            {
                if (value > 0 && value < 100)
                    age = value;
                else
                    age = 1;
            }
        }
        public string Nick
        {
            get { return nick; }
            set { nick = value; }
        }
        public string Species
        {
            get { return species; }
            set { species = value; }
        }
        //声明抽象方法
        public abstract string Shout();
    }
```

步骤 2 参照步骤 1 中的方法添加 Cat 类，命名为 "Cat.cs"，编写代码如下：

```
    public class Cat:Animal
    {
        //构造函数的声明
        public Cat() { }
        public Cat(string nick, int age, string species, string hobby)
        {
            //继承自父类的属性
            this.Nick = nick;
            this.Age = age;
            this.Species = species;
```

```
                //猫类扩展的属性
                this.Hobby = hobby;
            }
        //爱好的字段和属性的声明
        private string hobby;
        public string Hobby
        {
            get { return hobby; }
            set { hobby = value; }
        }
        //猫类的方法
        public string Shout()
        {
            string s;
            s = string.Format("大家好，我是小猫{0}，今年{1}岁了，我属于{2}，
                    我喜欢{3}！ ", this.Nick, this.Age, this.Species, this.hobby);
            return s;
        }
    }
```

步骤3 添加 Dog 类，命名为 "Dog.cs"，编写代码如下：

```
    public class Dog:Animal
    {
        //构造函数的声明
        public Dog() { }
        public Dog(string nick, int age, string species, int popularity)
                :base(nick,age,species)
        {
            //继承自父类的属性
            this.Nick = nick;
            this.Age = age;
            this.Species = species;
            //狗类扩展的属性
            this.Popularity = popularity;
        }
```

```
//人气指数的字段和属性的声明
private int popularity;
public int Popularity
{
    get { return popularity; }
    set { popularity = value; }
}
//狗类的方法
public string Shout()
{
    string s;
    s = string.Format("大家好，我是小狗{0}，今年{1}岁了，我属于{2}，
    我的人气指数是{3}！ ",this.Nick, this.Age, this.Species, this.Popularity);
    return s;
}
}
```

步骤4 将现有的窗体 Form1.cs，更名为 "frmMain.cs"，并在窗体中添加两个按钮，如图 7-2 所示。

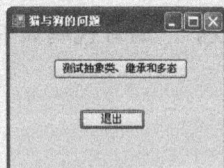

图 7-2 窗体的外观

步骤5 分别双击窗体中的两个按钮，编写按钮的单击事件处理程序，代码如下：

```
private void btnOK_Click(object sender, EventArgs e)
{
    Animal animal;
    animal = new Cat("豆豆", 2, "波斯猫", "玩毛线团"); //抽象类引用子类对象
    MessageBox.Show(animal.Shout());
    animal = new Dog("皮皮", 5, "吉娃娃", 2000);
    MessageBox.Show(animal.Shout());
}
private void btnExit_Click(object sender, EventArgs e)
```

```
    {
        this.Close();
    }
```

步骤6 按【F5】键运行程序，效果如图 7-3 和 7-4 所示。

图 7-3 第一次调用 Shout 方法的执行结果　　图 7-4 第二次调用 Shout 方法的执行结果

步骤7 在"解决方案资源管理器"的项目名称上右击鼠标，在弹出的快捷菜单中选择"查看类关系图"命令，在系统自动打开的选项页中可以看到如图 7-5 所示的类之间的继承关系。

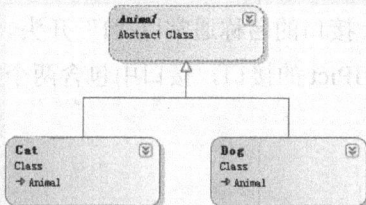

图 7-5 类关系图

任务二　学习接口的使用

任务说明

电脑上的 USB 接口可以用来插鼠标、优盘、摄像头等，所有需要插在 USB 接口的设备都必须符合 USB 规范。与此类似，C# 中的接口定义了一种规范，实现接口的类应遵循该规范。下面我们就来学习与接口相关的知识。

预备知识

一、接口的声明

接口是一种引用数据类型，使用 interface 关键字声明。声明接口的语法格式如下：

属性　接口修饰符　interface　接口名：基接口

```
{
        //接口的成员

}
```

其中，关键字 interface、接口名和接口体是必须的，其他项是可选的。接口修饰符可以是 new,public,protected,internal 和 private。

接口的声明需要注意以下几点：

① 接口声明中只包括方法的定义，没有实现代码，即只需给出返回类型、方法名称和参数列表，然后以分号结束。这意味着不能实例化一个接口，只能实例化由该接口派生的类对象。

② 接口成员只能包含方法、属性、事件和索引器，不能包含常量、数据字段、静态成员、构造函数和析构函数。

③ 一个接口的所有成员都是隐式公有的，如果试图在接口成员中指定任何其他修饰符，编译器将给出一个错误提示。

④ 为增加程序的可读性，接口的名称通常以"I"开头。

以下代码声明了一个名为 IPict 的接口，接口中包含两个方法的声明：

```
public interface IPict
{
        int DeleteImage();
        void DisplayImage();
}
```

二、接口的继承

接口也有继承性，但与类的继承性稍有不同，其特点如下：

① 与类继承不同，派生接口继承了基接口中的函数成员说明，而没有继承父接口的实现。

② 与类继承的单继承不同，接口继承允许多继承，一个派生接口可以有多个基接口。

下面我们来看一个 C# 接口继承的例子：

```
interface IControl
{
    void Paint();
}
interface ITextBox:IControl                //继承了接口 IControl 的方法 Paint()
{
```

```
        void SetText(string text);
    }
interface IListBox:IControl                    //继承了接口 IControl 的方法 Paint()
    {
        void SetItems(string[] items);
    }
interface IComboBox:ITextBox,IListBox
    {
        //可以声明新方法
    }
```

上面的例子中，接口 ITextBox 和 IListBox 都从接口 IControl 中继承，也就继承了接口 IControl 的 Paint 方法。接口 IComboBox 从接口 ITextBox 和 IListBox 中继承，因此它应该继承了接口 ITextBox 的 SetText 方法和 IListBox 的 SetItems 方法，还有 IControl 的 Paint 方法。

三、接口的实现

接口声明只包括成员的定义，而没有实现代码。接口中的成员都必须在其派生类中实现。

（一）接口的简单实现

创建 MyImages 类，用以实现前面声明的 IPict 接口，编写代码如下：

```
public class MyImages : IPict
    {
        public int DeleteImage()
        {
            Console.WriteLine("删除图像！");
            return 3;
        }
        public void DisplayImage()
        {
            Console.WriteLine("显示图像！");
        }
    }
class Program
    {
```

```
        static void Main(string[] args)
        {
                MyImages myimages = new MyImages();
                myimages.DisplayImage();
                Console.WriteLine("删除了" + myimages.DeleteImage() + "张图像！");
        }
}
```

程序运行结果为

显示图像!

删除图像!

删除了 3 张图像!

从以上程序中可以总结出如下几点：

① 实现接口和实现继承相同，都是使用冒号 ":" 运算符。

② 派生类中对接口中方法的实现方式与抽象类不同，没有使用 override 关键字，并且实现方法时，需显式添加 public 访问修饰符。

③ 在 Main()方法中实例化接口类的方式及调用方法的方式与普通类相同。

在上面的程序基础上，添加一个包含实现方法的基类 MyBase，完整程序如下：

```
namespace MyInterface
{
        public class MyBase
        {
                public void Open()
                {
                        Console.WriteLine("打开图像文件夹：");
                }
        }
        public interface IPict
        {
                int DeleteImage();
                void DisplayImage();
        }
        public class MyImages : MyBase,IPict
        {
                public int DeleteImage()
```

```
        {
            Console.WriteLine("删除图像！");
            return 3;
        }
        public void DisplayImage()
        {
            Console.WriteLine("显示图像！");
        }
    }
    class Program
    {
        static void Main(string[] args)
        {
            MyImages myimages = new MyImages();
            myimages.Open();
            myimages.DisplayImage();
            Console.WriteLine("删除了" + myimages.DeleteImage() + "张图像！");
        }
    }
}
```

程序运行结果为

打开图像文件夹:

显示图像!

删除图像!

删除了 3 张图像!

需要注意的是，如果一个派生类既继承自基类又实现接口，那么在声明派生类的基类列表中，要先写基类再写接口，否则会出现编译错误。若在以上程序中这样声明派生类：

```
public class MyImages : IPict , MyBase      //实现一个接口，继承一个类
```

则 VS 中会出现如图 7-6 所示的错误提示。

图 7-6 编译错误

（二）多重接口的实现

C# 中不支持类的多重继承，一个类不能同时派生自多个类。但是，C# 中允许多重接口实现，这就意味着一个类可以实现多个接口。

在上面程序基础上，添加另外一个接口 IPicMod，且此接口包含一个 ModifyImage() 方法的声明，然后在 MyImages 类中实现 Ipic 和 IPicMod 两个接口，代码如下：

```
namespace MyInterface
{
    public class MyBase
    {
        public void Open()
        {
            Console.WriteLine("打开图像文件夹：");
        }
    }
    public interface IPict
    {
        int DeleteImage();
        void DisplayImage();
    }
    public interface IPicMod
    {
        void ModifyImage();
    }
    public class MyImages : MyBase,IPict,IPicMod
    {
        public int DeleteImage()
        {
            Console.WriteLine("删除图像！");
            return 3;
        }
        public void DisplayImage()
        {
            Console.WriteLine("显示图像！");
        }
```

```
            public void ModifyImage()
            {
                    Console.WriteLine("编辑图像！");
            }
        }
        class Program
        {
            static void Main(string[] args)
            {
                    MyImages myimages = new MyImages();
                    myimages.Open();
                    myimages.DisplayImage();
                    myimages.ModifyImage();
                    Console.WriteLine("删除了" + myimages.DeleteImage() + "张图像!");
            }
        }
    }
```

程序运行结果为

打开图像文件夹：

显示图像!

编辑图像!

删除图像!

删除了 3 张图像!

如果两个接口中包含相同的方法（方法名、返回类型及参数均相同），此时需要使用接口名称来限定该方法以明确定在派生类中实现的是哪一个接口中的方法，例如：

```
public void IPict.DisplayImage()
{
        Console.WriteLine("显示图像！");
}
```

四、接口与抽象类的区别

接口和抽象类有很多相似之处，当然也存在不同点，如表 7-2 所示。

表 7-2 接口和抽象类的对比

	接 口	抽象类
不同点	用 interface 声明	用 abstract 修饰
	类可以实现多个接口	类只能继承一个父类
	派生自接口的类必须实现接口中的所有成员	非抽象派生类必须实现抽象方法
	加 public 修饰符, 直接实现接口中的方法	需要 override 重写抽象方法
相似点	不能实例化	
	包含未实现的成员	
	派生类中必须实现未实现的方法	

任务实施——多变的电话

通过继承、接口等相关知识, 创建一个控制台应用程序用于模拟电话的各项功能。

实施步骤

步骤 1 新建一个控制台应用程序, 将其命名为 MyIPhone, 在 Program.cs 文件中编写代码如下:

```
namespace MyIphone
{
    public interface IPhone
    {
        void getPhoneNumber();          //来电显示
        void getRingTone();             //显示铃声
    }
    public interface IPhoneDetails
    {
        void getMfgModel();             //显示型号
    }
    public class MyPhone : IPhone, IPhoneDetails
    {
        public void getPhoneNumber()
```

```
        {
            Console.WriteLine("显示电话号码。");
        }
    public void getRingTone()
        {
            Console.WriteLine("显示来电铃声。");
        }
    public void getMfgModel()
        {
            Console.WriteLine("显示电话制造商和型号。");
        }
    }
    class Program
    {
        static void Main(string[] args)
        {
            MyPhone objP = new MyPhone();
            objP.getPhoneNumber();
            objP.getRingTone();
            objP.getMfgModel();
        }
    }
}
```

步骤2 按【Ctrl+F5】键执行程序，结果如图 7-7 所示。

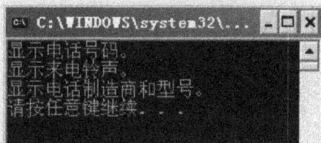

图 7-7 模拟电话程序运行结果

项目拓展

值类型与引用类型转换——装箱与拆箱

在项目二中，我们已经学习过关于数据类型的知识，按照数据存储位置的不同，C#中可分为值类型和引用数据类型。下面我们来了解一下值类型与引用数据类型的转换机制——装箱（boxing）和拆箱（unboxing）。

一、装箱转换

装箱转换是指将一个值类型转换成一个对象类型（即 object 类），或者是说，把这个值类型转换成一个被该值类型应用的接口类型 interface-type。在这一过程中创建一个对象实例并且将值类型的值复制到新的对象中。

装箱操作是隐式进行的，例如：

```
int i = 10;
object obj = i;
```

下面看一个装箱转换的例子：

```
class Test
{
    public static void Main()
    {
        int i = 10;
        object obj = i;                  //对象类型
        if (obj is int)
        {
            Console.Write("The value of i is boxing! \n");
        }
        i = 20;                          //改变 i 的值
        Console.WriteLine("int: i = {0}", i);
        Console.WriteLine("object: obj = {0}", obj);
    }
}
```

输出结果为

```
The value of i is boxing!
```

```
int: i = 20;

object: obj = 10;
```

这就证明了被装箱的类型的值是作为一个拷贝赋给对象的。

> **提示** 通常情况下，装箱一个数值是为了将它传递给一个使用引用类型作为参数的方法。

二、拆箱转换

与装箱转换正好相反，拆箱转换是指将一个对象类型显式地转换成一个值类型，或是将一个接口类型显式地转换成一个执行该接口的值类型。

拆箱的过程分为两步：首先检查这个对象实例，看它是否为给定的值类型的装箱值；然后把这个实例的值拷贝给值类型的变量。

我们来看一个将对象拆箱的过程：

```
int i = 10;

object obj = i;

int j = (int)obj;
```

从上例中可以看出拆箱过程正好是装箱过程的逆过程。读者需要注意的是，拆箱只能把以前转换为引用类型的值类型再转换回去，而不是可以把任何引用类型都转换为值类型。因此，装箱转换和拆箱转换必须遵循类型兼容原则。

下面看一个装箱和拆箱的例子：

```
class A
{
    static void Main()
    {
        int i = 10;
        object obj = i;                    //隐式装箱
        object obj2 = (Object)i;           //显式装箱
        int j=(int) obj2;                  //拆箱，必须显式转换
        if(obj is int)                     //判断 obj 是否为 int 型
        {
            Console.WriteLine("OK");
        }
        Console.WriteLine(obj.GetType());  //System.Int32
        Console.Read();
```

```
    }
}
```

程序运行结果如下：

```
OK
System.Int32
```

项目总结

项目七分为两个任务，介绍了抽象类和接口的相关知识。任务一介绍了抽象类和抽象方法的相关知识：抽象类可以包含抽象成员，抽象成员必须在其派生类中实现，抽象类不能实例化；任务二介绍了与接口相关的知识：接口可以说是对继承单根性的扩展，它提供了一组规范、一个标准，方便多人协同开发。读者在学完本项目内容后，应重点掌握以下知识：

- ➢ 抽象类和抽象方法的使用。
- ➢ 接口的声明和实现。
- ➢ 接口和抽象类的区别。

项目考核

一、选择题

1. 在 C# 中定义接口时，使用的关键字是_____。

    A．interface   B．:   C．class   D．override

2. 以下说法正确的是_____。

    A．接口可以实例化   B．类只能实现一个接口

    C．接口的成员都必须是未实现的   D．接口的成员前面可以加访问修饰符

3. 以下叙述正确的是_____。

    A．接口中可以有虚方法   B．一个类可以实现多个接口

    C．接口可以被实例化   D．接口中可以包含已实现的方法

4. 下列关于抽象类的说法中错误的是_____。

    A．抽象类可以实例化   B．抽象类可以包含抽象方法

    C．抽象类可以包含抽象属性   D．抽象类可以引用派生类的实例

5. 下列说法中，正确的是_____。

    A．派生类对象可以强制转换为基类对象

    B．在任何情况下，基类对象都不能转换为派生类对象

C．接口不可以实例化，也不可以引用实现该接口的类的对象

D．基类对象可以访问派生类的成员

6．接口 Animal 定义如下：

```
public interface Animal {
        void Move();
}
```

则下列抽象类的定义中，哪些是不合法的？_____

A．abstract class Cat: Animal { abstract public void Move(); }

B．abstract class Cat:Animal{virtual public void Move(){ Console.Write(Console.Write("Move!"); } }

C．abstract class Cat: Animal { public void Move(){Console.Write(Console.Write("Move!"); } }

D．abstract class Cat: Animal { public void Eat(){Console.Write(Console.Write("Eat!");} }

7．判断下列类 MyClass 的定义中哪些是合法的抽象类？_____。

A．abstract class MyClass { public abstract int getCount(); }

B．abstract class MyClass {abstract int getCount(); }

C．private abstract class MyClass {abstract int getCount(); }

D．sealed abstract class MyClass { abstract int getCount(); }

8．已知接口 IHello 和类 Base, MyClass 的定义如下：

```
interface IHello
  { void Hello(); }
class Base : IHello
  { public void Hello() {System.Console.WriteLine("Hello in Base!"); } }
class Derived : Base
  { public void Hello() { System.Console.WriteLine("Hello in Derived!"); } }
```

则语句

```
IHello x = new Derived();
x.Hello();
```

在控制台中的输出结果为_____。

A．Hello in Base!

B．Hello in Derived!

C．Hello in Base!Hello in Derived!

D．Hello in Derived!Hello in Base!

9. 当整数 a 赋值给一个 object 对象时，整数 a 将会被_____。

A. 拆箱   B. 丢失   C. 装箱   D. 出错

二、简答题

1. 简述抽象方法与虚方法在实现多态性时的区别。
2. 简述抽象类与接口的区别。

项目实训 应用抽象类和接口输出职员薪水

编写一个程序以演示抽象类和接口，要求如下：

① 定义一个 Employee 抽象类，其中包含 Name 和 Salary 属性及 Print()抽象方法。类似地，定义 IPromotable 和 IGoodStudent 两个接口，使它们都包含 Promote()方法。

② 从 Employee 类派生出 Shixi 类，使其包含存储实习期的字段 months。从 Employee 类和 IPromotable 接口派生出 Programmer 类，使其具有存储加班时间的 hours 字段，并通过实现接口中的 Promote()方法将薪水提高到 1.5 倍。

③ 从 Employee 类以及 IPromotable 和 IGoodWorker 接口派生出 Manager 类，使其具有存储秘书名字的 mishu 字段，并通过实现 IPromotable 接口中的 Promote()方法将薪水提高到 1.8 倍，通过实现 IPromotable 接口中的 Promote()方法输出经理职位晋升。派生类中重写 Print()方法，输出职员的姓名和薪水、平均加班时间、秘书、加薪后的薪水等信息。

提示：两个接口包含相同名称的方法，注意体会显式接口实现的使用。程序运行结果如图 7-8 所示，类关系如图 7-9 所示。

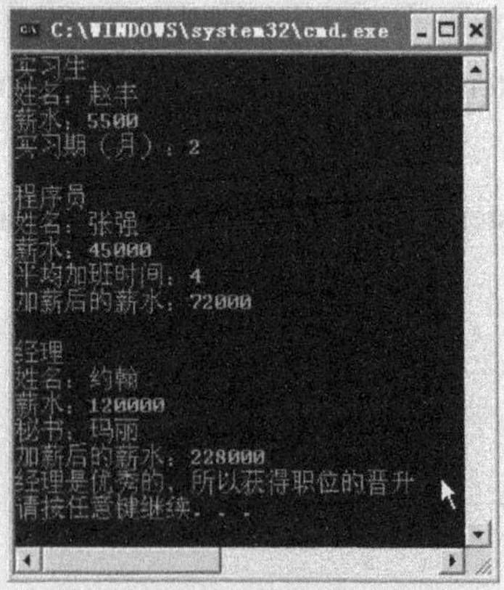

图 7-8 职员薪水程序运行结果

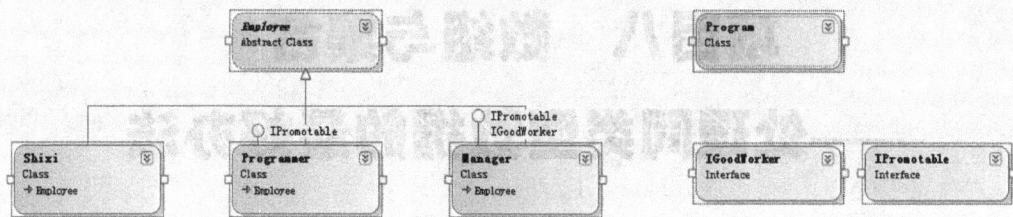

图 7-9　职员薪水类关系

项目八　数组与集合
——处理同类型数据的最好办法

项目导读

　　数组是 C# 程序设计中最常使用的数据类型之一，它能够按照一定的规律把类型相同的数据组织到一起，通过"下标"方式快速地访问这些数据。集合可以说是数组功能的扩充，在 C# 中任意类型的对象都可以放到集合中，并将其视为 Object 类型。同时，系统集合类中提供了对多种数据结构及算法的实现，如队列、堆栈、链表、排序等。

知识目标

- ✍ 掌握一维数组的声明和使用方法。
- ✍ 掌握二维数组的声明和使用方法。
- ✍ 掌握集合的概念及使用方法。

任务一　学习数组

任务说明

　　数组是 C# 程序设计语言中一个非常重要的数据类型，当程序员需要集中处理很多同类型数据时，可以选择将这些数据存储到数组中。数组元素在内存中是连续存放的，通过下标相互区分。在本任务中我们主要学习一维数组和二维数组的使用。

预备知识

一、一维数组的使用

　　一维数组是指只有一个下标的数组。数组在使用之前必须先定义（或声明）和分配空间，定义一维数组的语法格式为

数组类型[]　数组名;

其中，"数组类型"是数组元素的数据类型。例如，以下语句定义了 3 个一维数组。

```
int[] a;                    //整型数组 a
double[] b;                 //双精度数组 b
string[] c;                 //字符串数组 c
```

在定义数组后，必须对其进行初始化才能使用。初始化数组有两种方法：动态初始化和静态初始化。动态初始化先分配空间再赋值，静态初始化定义数组和分配空间同时进行。

（一）动态初始化

动态初始化需要借助 new 运算符，为数组元素分配内存空间并为数组元素赋初值，格式如下：

数组类型[]　数组名=new 数据类型[n] {元素值 0, 元素值 1, ……, 元素值 n-1};

其中，n 为"数组长度"，可以是整型符号常量或已具有值的整型变量，后面一层大括号里为初始值部分。数组定义后，将占用连续的存储空间，其占用存储空间大小为"长度*数据类型所占用的字节数"。

1．不给定初始值的情况

如果不给出初始值部分，各元素取默认值，数值类型初始化为 0 或 0.0，布尔类型初始化为 false，字符串类型初始化为 null。例如：

```
int[] a = new int[10];
```

数组的声明与分配可以写成两条语句，上述语句也可以写成：

```
int [ ] a;                  //定义数组
a = new int [10] ;          //给数组分配存储空间
```

在程序运行时，系统将数组 a 分配一个连续的 40 字节的存储单元，用来存放该数组的每一个元素，该数组占用存储空间的情况如图 8-1 所示。该数组在内存中各数组元素均取默认值 0。

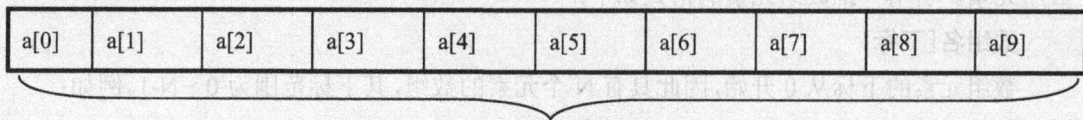

a[0]	a[1]	a[2]	a[3]	a[4]	a[5]	a[6]	a[7]	a[8]	a[9]

每个元素占 4 个字节，整个数组占 40 个字节

图 8-1　数组在内存中的存储情况示意

另外，C# 中的数组大小可以动态确定，例如下面语句：

```
int AL =6;
int [ ]a = new int[AL];          //定义了一个长度为 6 的数组 a
```

2. 给定初始值的情况

给出初始值时部分，可在大括号中列出数组中各元素相应的初值，且可以省略"数组长度"。例如：

```
int[] a = new int[10]{1,2,3,4,5,6,7,8,9,10};
```

或

```
int[] a = new int[]{1,2,3,4,5,6,7,8,9,10};
```

在这种情况下，不允许"数组长度"为变量，例如：

```
int n = 5;                        //定义变量 n
int[] myarr = new int[n] {1,2,3,4,5};    //错误
```

如果给出"数组长度"，则初始值的个数应与"数组长度"相等，否则出错。例如：

```
int[] mya = new int[2] {1,2};        //正确
int[] mya = new int[2] {1,2,3};       //错误
int[] mya = new int[2] {1};          //错误
```

（二）静态初始化

静态初始化数组的语法格式如下：

数组类型[]   数组名={元素值 0, 元素值 1, . . . , 元素值 n-1};

用这种方法对数组进行初始化时，无需说明数组元素的个数，只需按顺序列出数组中的全部元素即可，系统会自动计算并分配数组所需的内存空间。

例如，静态初始化整型数组 myarr：

```
int[] myarr={1,2,3,4,5};
```

在这种情况下，不能将数组定义和静态初始化分开。下面的代码就是错误的：

```
int[] myarr;
myarr={1,2,3,4,5};             //错误的数组的静态初始化
```

（三）数组元素的引用

在 C# 中通常并不把数组作为一个整体进行处理，参与运算和数据处理的一般都是数组元素。引用一维数组元素的格式如下：

数组名[下标]

数组元素的下标从 0 开始，因此具有 N 个元素的数组，其下标范围为 0～N-1。例如：

```
int [] a = new int [5] ;
```

那么，数组 a 具有元素 a[0]，a[1]，a[2]，a[3]和 a[4]。

在程序中数组元素可以像同类的普通变量一样参加赋值、运算、输入和输出等操作。

例如，以下语句用于输出数组 myarr 的所有元素值：

```
for (i=0;i<5;i++)
    Console.Write("{0} ",a[i]);
```

Console.WriteLine();

需要注意的是，在 C# 中不允许下标越界，即 C# 在运行时将对下标越界进行检查。在上面定义的数组 a，数组元素 a[5]和 a[6]均是不可用的。

二、二维数组的使用

二维数组是有两个下标的数组，它适合处理如成绩报告表、矩阵等具有行列结构的数据。与 C 和 C++不同的是，C# 的二维数组的每一行的数组元素个数可以相等，也可以不相等。每行数组元素个数相同的二维数组称为方形二维数组，不同的称为参差数组。

（一）方形二维数组

1. 动态初始化

语法格式为：**数组类型 [,] 数组名 ＝ new 数据类型符 [长度 1, 长度 2]；**

二维数组数组的元素个数由"长度 1×长度 2"指定。

例如：

int[,]a=new int[3,4]；//定义了一个数组 a，该数组的数据类型是 int，具有 12 个元素

上述语句可以写成两条，如：

int [,] a;　　　　　　　//定义数组

a = new [3,4]；　　　　　//给数组分配存储空间

从逻辑上看，方形二维数组是一种"行列"结构，由若干行和若干列组成，如上例中定义的数组 a 有 3 行，每行有 4 列，逻辑结构如图 8-2 所示。

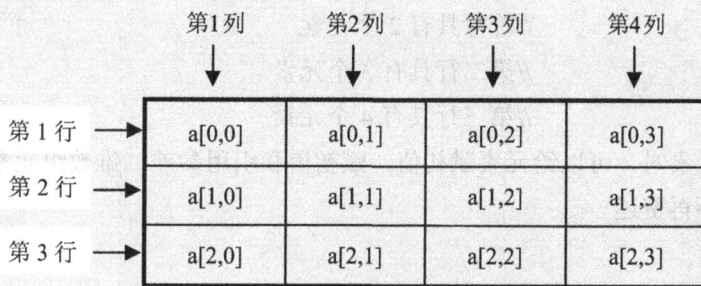

图 8-2　二维数组的逻辑结构

动态初始化时，也可以为数组赋值，例如：

int[,]a=new int[3,4]{{1,2,3,4},{5,6,7,8},{9,10,11,12}};

2. 静态初始化

语法格式为：**数据类型符 [,]数组名={{初值列表 1}, {初值列表 2}, 初值列表 n} }；**

上述语句中定义的二维数组，同时给它的各行赋初值。如果各初值列表中的初值个数相等，则创建的是方形二维数组。二维数组的行数由{ }分组的个数确定。例如：

```
int[ , ]b={{1,2,3,4},{5,6,7,8},{9,10,11,12}};
```

该语句定义了具有 12 个元素的二维数组 b，并依次赋初值，初值情况为

b[0,0]=1，b[0,1]=2，b[0,2]=3，b[0,3]=4，b[1,0]=5，b[1,1]=6，

b[1,2]=7，b[1,3]=8，b[2,0]=9，b[2,1]=10，b[2,2]=11，b[2,3]=12。

3．元素引用

引用二维数组元素的一般格式为：**数组名[下标 1, 下标 2]**

（二）参差数组

参差数组的定义一般分为两步：首先定义二维数组占有的行数，然后定义每行的列数并分配空间。

1．分配行

语法格式为：**数据类型符[ ] [ ]数组名=new 数组类型符[行数][ ]；**

例如：

```
int [ ][ ] b = new int [3] [ ];        //该语句定义了一个参差数组 b，数组的行数为 3
```

2．分配各行数组元素个数

分配了参差数组占有的行后，应为每一行（可看作一维数组）分配数组元素个数，语句格式为

数组名[i]=new 数据类型符[长度]；

上述语句为参差数组的 i 行分配数组元素个数，元素个数由"长度"指定。

例如：

```
int [ ] [ ] b = new int[3][ ];        //定义具有 3 行的参差数组 b
b[0] = new int [2];                   //首行具有 2 个元素
b[1] = new int [3];                   //第二行具有 3 个元素
b[2] = new int [4];                   //第三行具有 4 个元素
```

给各行分配数组元素时，可以给元素赋初值，赋初值和引用参差二维数组元素的方法同方形数组，此处不再赘述。

三、Array 类

在程序设计过程中，数组的用途很大，为了方便用户的使用，C# 在 System.Collections.Generic 命名空间中提供了专门的 Array 类来支持数组的操作。

它的常用属性和方法如表 8-1 和 8-2 所示。

表 8-1　Array 类的常用属性

属　性	说　明
Length	获得一个 32 位整数，该整数表示 Array 的所有维数中元素的总数
LongLength	获得一个 64 位整数，该整数表示 Array 的所有维数中元素的总数
Rank	获取 Array 的秩（维数）

表 8-2　Array 类的常用方法

方　法	说　明
Sort	静态方法，对一维 Array 对象中的元素进行排序
Copy	静态方法，将一个 Array 的一部分元素复制到另一个 Array 中，并根据需要执行类型强制转换和装箱
CopyTo	非静态方法，将当前一维 Array 的所有元素复制到指定的一维 Array 中
Find	静态方法，搜索与指定谓词定义的条件匹配的元素，然后返回整个 Array 中的第一个匹配项
ForEach	静态方法，对指定数组的每个元素执行指定操作
GetLength	非静态方法，获取一个 32 位整数，该整数表示 Array 指定维中的元素数
GetLongLength	非静态方法，获取一个 64 位整数，该整数表示 Array 指定维中的元素数
GetLowerBound	非静态方法，获取 Array 中指定维度的下限
GetUpperBound	非静态方法，获取 Array 中指定维度的上限
GetValue	非静态方法，获取当前 Array 中指定元素的值
IndexOf	静态方法，返回一维 Array 或部分 Array 中某个值第一个匹配项的索引
Resize	静态方法，将数组的大小更改为指定的新大小
Reverse	静态方法，反转一维 Array 或部分 Array 中元素的顺序
SetValue	非静态方法，将当前 Array 中的指定元素设置为指定值
BinarySearch	静态方法，使用二进制搜索算法在一维的排序 Array 中搜索值

任务实施——实现排序功能

随机产生 10 个两位数，然后将它们从小到大排序。这里我们使用两种方式来实现上述任务：一种是选择排序法，一种是利用 Array 类的属性和方法。

实施步骤

（一）方法一　选择排序法

选择法排序过程如下：

第 1 轮：从第 1～N 个数中找出最小的数和第一个数交换。

第 2 轮：从第 2～N 个数中找出最小的数和第二个数交换。

……

第 i 轮：从第 i～N 个数中找出最小的数和第 i 个数交换。

……

第 $N-1$ 轮：从第 $N-1$～N 个数中找出最小的数和第 $N-1$ 个数交换，最终实现从小到大的排序。

步骤 1　新建一个控制台应用程序，并将其命名为 sort1。添加后台代码如下所示：

```
namespace sort1
{
    class Program
    {
        static void Main(string[] args)
        {
            const int N = 10;                    //定义整型变量 N
            int[] a = new int[N];                //定义一个整型数组长度为 N, 这里 N 的值为 10
            int i, j, min, min_i, t;             //定义 5 个整型变量
            Random randObj = new Random();       //定义随即数对象 randObj
            //将整型数组 a 中的元素赋值，值为 10～99 之间的随机数
            for (i = 0; i < N; i++)
                a[i] = randObj.Next(10, 99);
            Console.WriteLine("排序之前");        //输出数组 a 中的所有元素
            for (i = 0; i < N; i++)
                Console.Write("{0}    ", a[i]);
            Console.WriteLine();
            for (i = 0; i < N - 1; i++)                      //对数组中的元素进行从小到大排序
            {
```

```
            min = a[i]; min_i = i;           //拟定最小元素值，和该元素的下标
            for (j = i + 1; j < N; j++)       //用最小值和后续的值进行比较
                if (min > a[j])               //如果最小值大于后续的值则替换最小值
                {
                    min = a[j];
                    min_i = j;
                }
                if (min_i != i)     //如果最小值下标不等于 i 则将最小值和 a[i]的值交换
                {
                    t = a[min_i];
                    a[min_i] = a[i];
                    a[i] = t;
                }
            }
            Console.WriteLine("排序之后");
            for (i = 0; i < N; i++)              //输出排序后的数组元素
                Console.Write("{0}   ", a[i]);
            Console.ReadKey();
        }
    }
}
```

步骤 2 按【F5】键运行程序，程序运行效果参见图 8-3 所示。

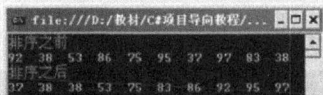

图 8-3 随机数排序运行效果

（二）方法二 应用 Array 类

步骤 1 新建一个控制台应用程序，并将其命名为 sort2。添加后台代码如下所示：

```
namespace sort2
{
    class Program
    {
        static void Main(string[] args)
```

```
{
    int i, k;
    int[] myarr = new int[10];                    //定义一个一维数组
    Random randobj = new Random();                //定义一个随机对象
    for (i = myarr.GetLowerBound(0); i <= myarr.GetUpperBound(0); i++)
    {
        k = randobj.Next(10, 99);                 //返回一个 10～99 的正整数
        myarr.SetValue(k, i);                     //给数组元素赋值
    }
    Console.Write("随机数序:");
    for (i = myarr.GetLowerBound(0); i <= myarr.GetUpperBound(0); i++)
        Console.Write("{0} ", myarr.GetValue(i));
    Console.WriteLine();
    Array.Sort(myarr);                            //数组排序
    Console.Write("排序数序:");
    for (i = myarr.GetLowerBound(0); i <= myarr.GetUpperBound(0); i++)
        Console.Write("{0} ", myarr.GetValue(i));
    Console.ReadKey();
}
}
}
```

步骤 2 按【Ctrl+F5】键运行程序，程序运行效果参见图 8-4 所示。

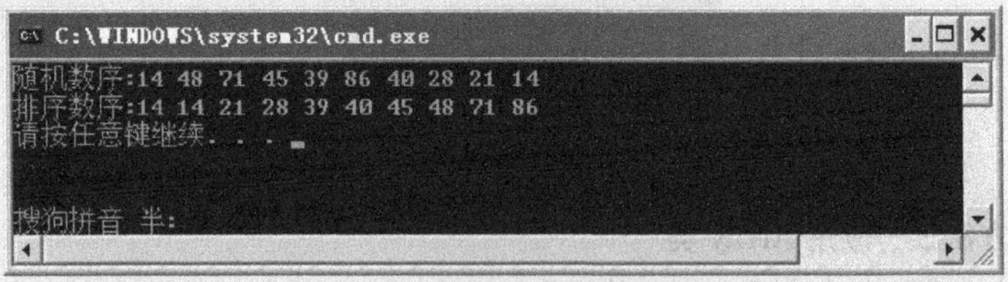

图 8-4 随机数排序运行效果

任务二 学习集合

任务说明

数组要求数据类型统一，并且创建后其大小就是固定的。有时，在日常应用中所需存储的元素数据类型并不完全统一，且个数是动态的，此时就需要使用集合。

预备知识

一、集合简介

集合是一种数据类型，可以将其作为存储一组数据对象的容器。System.Collections 命名空间提供了支持集合运算的一组接口，如 ICollection,IComparer,IEnumerable,IList,IDictionary 和 IDictionaryEnumerator 等。用户可以根据集合接口自定义集合类，但在一般情况下，在 .NET Framework 中所提供的专用于数据存储和检索的集合类（如数组列表、哈希表、队列、栈等），就已经能够满足日常需求。

系统中的集合类可以分为以下 3 种。

➤ **对象类型集合**：位于 System.Collections 命名空间。如果要在集合中添加不同类型的对象且这些对象不是相互派生的（例如 int 和 string 对象），就可以选择对象类型集合。

➤ **专用于特定类型的集合类**：位于 System.Collections.Specialized 命名空间。专用于特定类型的集合，例如 StringCollection 类专用于 string 类型。

➤ **泛型集合类**：位于 System.Collections.Generic 命名空间。泛型集合类是类型安全的，具体内容可参见项目十一。

> 从广义上讲，数组、集合与泛型其实都是集合，但在使用和实现上它们有一些区别：
>
> **集合**可放任意类型的元素，可以自动增长，并且集合里所有的元素都是 Object，如果元素是值类型会自动装箱，取出时要做类型转换。
>
> **泛型**可以定义元素类型，相对于集合，泛型集合可以避免装箱拆箱，提高性能，同时程序具有更好的可读性；相对于数组可以自动增长。
>
> **数组**只能放定义类型的元素，不能自动增长，取出时不用做类型转换，可以认为是一种泛型集合结构体。

System.Collections 中常用的集合类如表 8-3 所示。

表 8-3 Collections 命名空间中常用类说明

类名称	说　明
ArrayList（列表）	表示大小可按需动态增加的对象数组，可灵活方便地添加和删除数组元素
Hashtable（哈希表）	表示键/值对的集合，这些键/值对根据键的哈希代码进行组织，可自由添加和删除元素
BitArray	管理位值的压缩数组，该值表示为布尔值，其中 true 表示位是打开的，false 表示位是关闭的
Queue（队列）	表示先进先出的对象集合，需要按先进先出的原则访问集合中的元素
SortedList	表示键/值对的集合，它兼顾了 ArrayList 和 Hashtable 的优点，这些键值对按键排序并可按照键和索引访问
Stack（栈）	表示后进先出的对象集合，需要按后进先出的原则访问集合中的元素

　　下面将重点介绍 System.Collections 命名空间中 ArrayList 集合类和 Hashtable 集合类的使用方法。

二、ArrayList 集合类

　　ArrayList 类可以按照需求动态增加空间容量，而且每次都是以当前空间的两倍进行扩展。ArrayList 是一维的，不支持将多维数组用作 ArrayList 集合中的元素。集合中的索引从零开始，可使用一个整数索引访问此集合中的元素。由于 ArrayList 每次操作都要涉及大量的数据的移动，不适宜进行频繁插入操作。

　　ArrayList 集合类的属性说明如表 8-4 所示。

表 8-4 ArrayList 集合类的常用属性

属　性	说　明
Capacity	获取或设置 ArrayList 可包含的元素数
Count	获取 ArrayList 中实际包含的元素数
Item	获取或设置指定索引处的元素

ArrayList 集合类的常用方法如表 8-5 所示。

表8-5 ArrayList 集合类的常用方法

方 法	说 明
Add	将对象添加到 ArrayList 的结尾处
Remove	从 ArrayList 中移除特定对象的第一个匹配项
RemoveAt	移除 ArrayList 的指定索引处的元素
Insert	将元素插入 ArrayList 的指定索引处
BinarySearch	使用默认的比较器在整个已排序的 ArrayList 中搜索元素，并返回该元素从零开始的索引
Clear	从 ArrayList 中移除所有元素
Contains	确定某元素是否在 ArrayList 中
CopyTo	从目标数组的开头开始将整个 ArrayList 复制到兼容的一维数组中
Equals	确定指定的 Object 是否等于当前的 Object

下面通过一个例子来学习如何创建、遍历 ArrayList，如何添加和移除元素。

```
using System.Collections;                     //引入命名空间
namespace _4
{
    class ArrayListTest
    {
        static void Main(string[] args)
        {
            ArrayList arrlist = new ArrayList();          //实例化一个 ArrayList 对象
            //使用 Add 方法向 ArrayList 对象的末尾添加元素
            arrlist.Add("one");
            arrlist.Add("two");
            arrlist.Add("three");
            foreach (int n in new int[3] { 0, 1, 2 })
            {
                arrlist.Add(n);
            }
            arrlist.Remove(0);                    //移除第一个元素
```

```
        arrlist.RemoveAt(3);              //移除第四个元素
        arrlist.Insert(1, "four");              //在指定索引处添加一个元素
        for (int i = 0; i < arrlist.Count; i++) //遍历 ArrayList，并输出所有元素
        {
            Console.WriteLine(arrlist[i].ToString());
        }
    }
}
```

程序运行结果如图 8-5 所示。

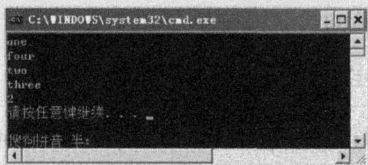

图 8-5　ArrayList 程序运行结果

三、Hashtable 集合类

Hashtable（哈希表）是一种键（Key）/值（Value）对集合，这些键/值对根据键的哈希代码进行组织。在哈希表中键不能为空引用，但值可以。

Hashtable 集合类常用的属性如表 8-6 所示。

表 8-6　Hashtable 集合类的常用属性

属　性	说　明
Count	获取包含在 Hashtable 中的键/值对的数目
Item	获取或设置与指定的键相关联的值

Hashtable 集合类常用的方法如表 8-7 所示。

表 8-7　Hashtable 集合类的常用方法

方　法	说　明
Add	将带有指定键和值的元素添加到 Hashtable 中
Remove	从 Hashtable 中移除带有指定键的元素

方 法	说 明
Clear	从 Hashtable 中移除所有元素
Clone	创建 Hashtable 的浅表副本
Contains	确定 Hashtable 是否包含特定键
ContainsKey	确定 Hashtable 是否包含特定键
ContainsValue	确定 Hashtable 是否包含特定值
CopyTo	将 Hashtable 元素复制到一维 Array 实例中的指定索引位置
Equals(Object)	确定指定的 Object 是否等于当前的 Object
GetHash	返回指定键的哈希代码
GetType	获取当前实例的 Type
KeyEquals	将特定 Object 与 Hashtable 中的特定键进行比较
ToString	返回表示当前对象的字符串

提示

Hashtable 不能包含重复的 key。如果调用 Add 方法来添加一个 keys 数组中已有的 key，就会抛出异常。为了避免这种情况，可以使用 ContainsKey 方法来测试哈希表中是否已包含该 Key 值。

下面通过一个例子来学习如何创建、遍历 Hashtable，添加和移除项。

```
using System.Collections;                        //引入命名空间
namespace _7
{
    class HashtableTest
    {
        static void Main(string[] args)
        {
            Hashtable student=new Hashtable ();        //实例化 Hashtable 类的对象
            //向 Hashtable 中添加元素
            student.Add("S1001","Tom");
            student.Add("S1002", "Jim");
            student.Add("S1003", "Lily");
```

```
        student.Add("S1004", "Lucy");
        foreach (DictionaryEntry element in student) //遍历 Hashtable
        {
            string id = element.Key.ToString ();
            string name = element.Value.ToString ();
            Console.WriteLine("学生的 ID：{0}    学生姓名：{1}",id,name);
        }
        student.Remove("S1003");                     //移除 Hashtable 中的元素
    }
}
}
```

程序运行效果如图 8-6 所示。

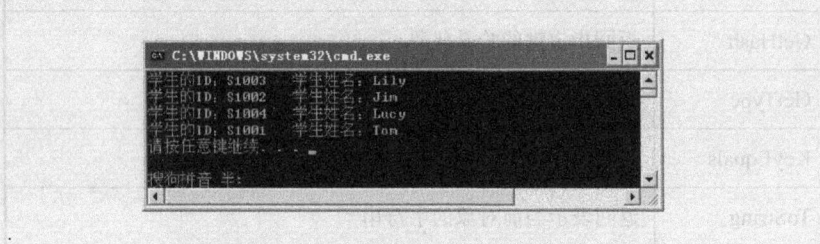

图 8-6　Hashtable 程序运行结果

四、Stack 类和 Queue 类

（一）Stack 类

Stack（堆栈）类用于实现 LIFO（Last In First Out，后进先出）机制。元素从栈的顶部插入（入栈操作），也从其顶部移除（出栈操作）。

在 Stack 中主要使用 Push,Pop,Peek 三个方法对栈进行操作：

➤ **Push 方法**：用于将对象插入 Stack 的顶部。

➤ **Pop 方法**：用于移除并返回位于 Stack 顶部的对象。

➤ **Peek 方法**：用于返回位于 Stack 顶部的对象但不将其移除。

下面通过一个例子来了解如何创建、遍历 Stack，添加和移除项。

```
using System.Collections;                    //引入命名空间
namespace _5
{
    class StackTest
    {
        static void Main(string[] args)
```

```
{
        Stack stack = new Stack();      //实例化 Stack 类的对象
        //入栈，使用 Push 方法向 Stack 中添加元素
        for (int i = 1; i < 6;i++)
        {
            stack.Push(i);
            Console.WriteLine("{0}入栈",i);
        }
        //返回栈顶元素
        Console.WriteLine ("当前栈顶元素为：{0}",stack.Peek().ToString ());
        //出栈
        Console.WriteLine("移除栈顶元素：{0}", stack.Pop().ToString());
        //返回栈顶元素
        Console.WriteLine("当前栈顶元素为：{0}", stack.Peek().ToString());
        //遍历栈
        Console.WriteLine("遍历栈");
        foreach (int i in stack)
        {
            Console.WriteLine(i);
        }
        //清空栈
        while(stack .Count!=0)
        {
            int s = (int)stack.Pop();
            Console.WriteLine("{0}出栈",s);
        }
    }
}
}
```

程序运行结果如图 8-7 所示。

图 8-7　Stack 程序运行结果

（二）Queue 类

Queue（队列）类用于实现 FIFO（First In First Out，先进先出）机制。元素在队列的尾部插入（入队操作），并从队列的头部移出（出队操作）。

在 Queue 中主要使用 Enqueue、Dequeue、Peek 三个方法对队列进行操作：

➢ **Enqueue 方法**：用于将对象添加到 Queue 的结尾处。

➢ **Dequeue 方法**：移除并返回位于 Queue 开始处的对象。

➢ **Peek 方法**：用于返回位于 Queue 开始处的对象但不将其移除。

下面我们通过一个例子来学习如何创建、遍历 Queue，添加和移除项。

```csharp
using System.Collections;                //引入命名空间
namespace _6
{
    class QueueTest
    {
        static void Main(string[] args)
        {
            Queue queue = new Queue();        //实例化 Queue 类的对象
            //入栈,使用 Pust 方法向 Stack 对向中添加元素
            for (int i = 1; i < 6; i++)
            {
                queue .Enqueue(i);
                Console.WriteLine("{0}入队", i);
            }
            //返回队开始处的元素
```

```
Console.WriteLine("当前队开始处元素为: {0}", queue.Peek().ToString());
//遍历队
Console.WriteLine("遍历队");
foreach (int i in queue)
{
        Console.WriteLine(i);
}
//清空栈
while (queue.Count != 0)
{
        int q = (int)queue.Dequeue ();
        Console.WriteLine("{0}出队", q);
}
    }
}
```

程序运行结果如图 8-8 所示。

图 8-8 Queue 程序运行结果

任务实施——添加删除文件类型信息

通过 Hashtable 集合类存储文件后缀名和对应的文件类型说明, 然后利用 Add 和 Remove 方法动态地修改数组中的数据, 并将最后结果输出显示。

实施步骤

步骤 1 新建一个控制台应用程序, 并将其命名为 Hashtable, 在主文件中输入如下代码:

```
using System.Collections;                              //引入命名空间
namespace hashtable
{
    class Program
    {
        static void Main(string[] args)
        {
            Hashtable ht = new Hashtable();        //创建一个哈希集合类对象
            //向哈希表中添加元素时，键(key)不能相同，而值(value)可以相同
            ht.Add("doc", "Word 文件");        //等价于 ht["doc"]=word 文件
            ht.Add("ppt", "PowerPoint 文件");
            ht.Add("txt", "文本文件");
            ht.Add("mp3", "声音");
            ht.Add("wav", "声音文件");
            ht.Add("bmp", "图片文件");
            ht.Add("jpg", "图片文件");
            //异常检测，如果添加了已经存在的键，则给出提示信息
            try
            {
                ht.Add("mp3", "声音 1");
            }
            catch
            {
                Console.WriteLine("键 mp3 已经存在!");
            }
            Console.WriteLine("哈希表现有"+ht.Count+"个元素，
                                        "+"所有元素信息如下: ");
            foreach (DictionaryEntry item in ht)
            {
                string 文件扩展名 = (string)item.Key;
                string 文件类型 = (string)item.Value;
                Console.WriteLine(文件扩展名+"--"+文件类型);
            }
            Console.ReadKey();
```

```
        ht.Remove("bmp");                      //删除 bmp
        ht["jpg"] = "静态图片文件";            //修改 jpg 的值
        Console.WriteLine("哈希表现有" + ht.Count + "个元素，
                                " + "所有元素信息如下：");
        foreach (DictionaryEntry item in ht)
        {
            string 文件扩展名 = (string)item.Key;
            string 文件类型 = (string)item.Value;
            Console.WriteLine(文件扩展名 + "--" + 文件类型);
        }
        Console.ReadKey();
    }
}
```

步骤2 按【F5】键调试程序，运行结果如图 8-9 所示。

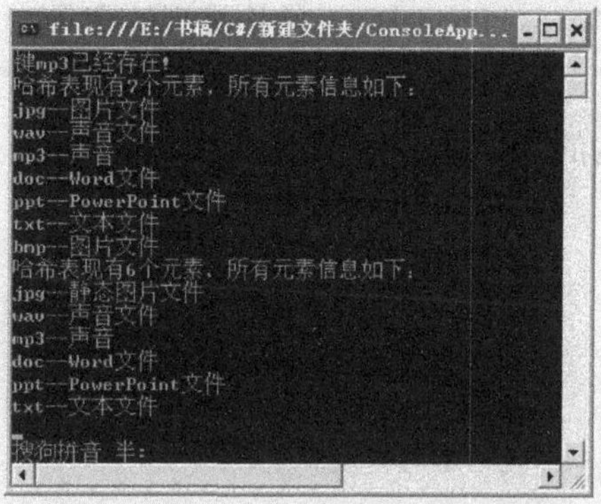

图 8-9 添加删除程序运行效果

项目拓展

结构类型与枚举类型

除了数组和集合，C# 中还有两种简单的类型用于存储成组的相关数据——结构类型和枚举。

一、结构类型

C# 结构类型是值类型，可以声明构造函数、常数、字段、方法、属性、索引、操作符和嵌套类型。它主要用于创建小型的对象，如 Point 和 FileInfo 等。

> 结构与类的异同：
>
> 类是一种引用类型，在堆上创建；结构类型可以包含字段、方法和构造函数，这些和类的使用相同，但它是值类型，存储在堆栈中，能有效地减少内存管理开销。

结构类型的变量采用 struct 来进行声明，例如下面所示代码是对通讯录结构的定义：

```
struct PhoneBook {
    public string name;
    public uint age;
    public string phone;
    public string address;
}
PhoneBook p1;                //PhoneBook 结构类型的变量
p1.name = "Mike";            //访问结构成员
```

下面来看一个使用结构的例子：

```
using System;
struct point                    //结构定义
{
    public int x,y;             //结构中也可以声明构造函数和方法，变量不能赋初值
}
class Test
{
    static void Main()
    {
        point P1;
        P1.x=166;
        P1.y=111;
        point P2;
        P2=P1;                      //值传递，使 P2.x=166, P2.y=111
        point P3=new point();       //用 new 生成结构变量 P3, P3 仍为值类型变量
```

```
        }                    //用 new 生成结构变量 P3 仅表示调用默认构造函数，使 x=y==0
}
```

二、枚举类型

C# 中枚举类型表示一组在逻辑上密不可分的整数值，该类型的元素所赋的值的类型限于 byte,sbyte,short,ushort,int,uint,long 和 ulong 等整数类型，不能是 char 类型。

下面声明一个代表星期的枚举类型的变量：

```
enum WeekDay{
    Sunday, Monday, Tuesday, Wednesday, Thursday, Friday, Saturday
};
WeekDay day;
```

按照系统的默认，枚举中的每个元素类型都是 int 型，且第一个元素默认的值为 0，它后面的每一个连续的元素的值按加 1 递增。

也可以给元素直接赋值，例如把星期天的值设为 1，其后的元素的值分别为 2,3,…，代码如下：

```
enum WeekDay{
    Sunday=1, Monday, Tuesday, Wednesday, Thursday, Friday, Saturday
};
```

当然还可以给每个元素赋任意值，甚至相同的值：

```
enum WeekDay{
    Sunday=1,Monday=8,Tuesday=4,Wednesday=2,Thursday=9,Saturday=6
};
```

> **提示**
>
> C# 枚举类型与 C# 结构类型的区别：
> ① C# 枚举类型是由同一类型的数据组成的一组新的 C# 数据类型，而 C# 结构类型是由不同类型的数据组成的一组新的数据类型。
> ② C# 枚举类型变量在某一时刻只能取枚举中某一个元素的值，比如 day 这个表示星期的枚举类型的变量，它的值要么是 Sunday，要么是 Monday 或其他的星期元素，但它在一个时刻只能代表具体的某一天，不能既是星期二又是星期三；而 C# 结构类型变量的值是由各个成员的值组合而成的。

下面来看一个使用枚举类型的案例：

```
class Class1
{
```

```
        enum Days {Sat=1, Sun, Mon, Tue, Wed, Thu, Fri};
        static void Main(string[] args)
        {
            Days day=Days.Tue;
            int x=(int)Days.Tue;
            Console.WriteLine("day={0},x={1}",day,x);
        }
    }
```

显示结果为

```
day=Tue,x=4
```

说明：在此枚举类型 Days 中，每个元素的默认类型为 int，其中 Sun=0，Mon=1，Tue=2，依此类推。

项目总结

项目八分为两个任务，介绍了数组和集合的相关知识。任务一中介绍了一维数组和二维数组的定义与分配；任务二介绍了集合的相关知识；项目拓展中介绍了结构类型和枚举类型的知识。读者在学完本项目内容后，应重点掌握以下知识：

> 一维数组与多维数组的应用。

> 集合类 ArrayList,Hashtable,Stack 和 Queue 的使用方法。

> 结构类型和枚举类型的使用。

项目考核

一、选择题

1. 假定一个 10 行 20 列的二维整型数组，下列哪个定义语句是正确的_____。

    A．int[]arr = new int[10,20]　　　　　B．int[]arr = int new[10,20]

    C．int[,]arr = new int[10,20]　　　　　D．int[,]arr = new int[20;10]

2. C# 语言中，值类型包括：基本值类型、结构类型和_____。

    A．小数类型　　　　B．整数类型　　　　C．类类型　　　　　D．枚举类型

3. 语句 string[,] strArray = new string[3][4];创建了多少个 string 对象？_____

    A．0　　　　　　　　B．3　　　　　　　　C．4　　　　　　　　D．12

4. （多选）关于结构类型，下列说法哪些是正确的？_____

    A．结构是值类型

B．结构中不允许定义带参数的实例构造函数

C．结构中不允许定义析构函数

D．结构中可以定义成员方法，但是方法内不能使用 this 指针

5．已知结构 Resource 的定义如下：

```
struct Resource{
    public int Data = 0;
}
```

则下列语句的运行结果为＿＿＿＿＿。

```
Resource[] list= new Resource[20];
for(int i = 0;i<20;i++){
 System.Console.WriteLine("data={0}",list[i].Data);
}
```

A．打印 20 行，每行输出都是 data=0

B．打印 20 行，每行输出都是 data=null

C．打印 20 行，第 1 行输出 data=0，第 2 行输出 data=2，第 20 行输出 data=19

D．出现运行时异常

6．有定义语句:int [,]a=new int[5,6];

则下列正确的数组元素的引用是＿＿＿＿＿。

A．a(3,4)　　　　　B．a(3)(4)　　　　　C．a[3][4]　　　　　D．a[3,4]

7．下列的数组定义语句，不正确的是＿＿＿＿＿。

A．int a[]=new int[5]{1,2,3,4,5}

B．int[,]a=new inta[3][4]

C．int[][]a=new int [3][];

D．int []a={1,2,3,4};

8．以下对枚举的定义，正确的是＿＿＿＿＿。

A．enum a={one,two,three}

B．enum a {a1,a2,a3};

C．enum a={'1','2','3'};

D．enum a { "one", "two", "three"};

9．枚举型常量的值不可以是＿＿＿＿＿类型。

A．int　　　　　　B．long　　　　　C．ushort　　　　　D．double

10．下面是几条定义初始化一维数组的语句，其中正确的是＿＿＿＿＿。

A．int arr1 [ ]={6,5,1,2,3};

B．int [ ] arr1=new int[ ];

    C．int[ ] arr1=new int[ ]{6,5,1,2,3};

    D．int[ ] arr1;arr1={6,5,1,2,3};

11．下面是几条定义并初始化而维数组的语句，指出其中正确的是_____。

    A．int arr3[ ][ ]=new int[4,5];

    B．int [ ][ ] arr3=new int[4,5];

    C．int arr3[,]=new int[4,5]

    D．int[,] arr3=new int[4,5];

12．下面有关枚举成员赋值说法正确的是_____。

    A．定义枚举类型时，至少要为其中的一个枚举成员赋一个常量值

    B．定义枚举类型时，直接为某个枚举成员赋值，则其他枚举成员依次取值

    C．把一个枚举成员的值赋给另一个枚举成员时，可以不考虑它们在代码中出现的顺序

    D．在定义的一个枚举类型中，任何两个枚举成员都不能具有相同的常量值

13．运行以下 C# 程序，输出结果为_____。

```
using System;
using System.Collections;
public class SamplesHashtable
{
    public static void Main()
    {
        Hashtable myHT = new Hashtable();
        myHT.Add("A", "AA");
        myHT.Add("B", "BB");
        myHT.Add("C", "CC");
        Console.WriteLine(myHT.Count);
        myHT.Remove("BB");
        Console.WriteLine(myHT.Count);
    }
}
```

    A．3　3   B．3　2

    C．2　2   D．运行时错误，提示无效的键值

14．在 .Net 中，ArrayList 对象位于_____命名空间内。

    A．System.Array   B．System.IO

    C．System.Collection   D．System.RunTime

15. 分析如下的 C# 代码段，运行后将输出＿＿＿＿＿＿＿。

```csharp
ArrayList arrnum = new ArrayList();
arrnum.Capacity = 5;
for(int i=0;i<20;i++)
    arrnum.Add(i);
Console.WriteLine(arrnum.Capacity);
arrnum.RemoveAt(1);
Console.WriteLine(arrnum.Count);
```

　　　　A. 20　19　　B. 5　5　　　C. 容量不足，运行出现错误　　D. 5　19

二、简答题

简述集合类 ArrayList,Hashtable,Queue 和 Stack 在使用方法上的异同。

项目实训　输出矩阵

编写一个 C# 二维数组的程序,形成并显示如下所示的 4 行 4 列的二维矩形数组 A。

$$A = \begin{bmatrix} 1 & 2 & 3 & 4 \\ 5 & 6 & 7 & 8 \\ 9 & 10 & 11 & 12 \\ 13 & 14 & 15 & 16 \end{bmatrix}$$

然后再完成以下 3 个任务：

① 分别以上三角和下三角形式显示数组。

② 求数组 A 的两条对角线之和。

③ 将数组 A 的行列交换，形成转置矩阵并输出。

程序运行效果如图 8-10 所示。

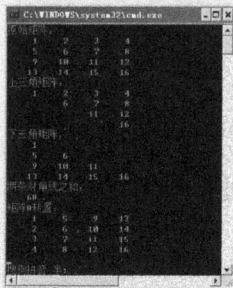

图 8-10　矩阵程序运行效果

项目九　文件处理技术
——合理利用资源的最佳办法

项目导读

　　文件处理技术在程序开发中占据着重要的地位，.NET Framework 在 System.IO 命名空间中提供了多种用于操作数据文件和读写数据流的类，用户只要熟悉这些类的属性和方法，就可以轻松实现对文件的管理和读写操作。

知识目标

- 熟悉有关文件操作相关类。
- 掌握创建、删除文件与文件夹的方法。
- 掌握读写文件的方法。

任务一　学习文件管理相关类

任务说明

　　在本任务中我们来学习与管理文件相关的类——File 和 FileInfo，与管理文件目录相关的类——Directory 和 DirectoryInfo。

预备知识

一、File 类和 FileInfo 类

（一）File 类
　　File 类提供了一系列静态方法进行文件的创建、删除、移动和打开操作，常见方法如表 9-1 所示。

表 9-1　File 类的常用方法及说明

方　　法	说　　明
Copy	将现有文件复制到另外一个地方
Create	在指定路径中创建文件
Delete	删除指定的文件
Exists	确定指定的文件是否存在
Move	将指定文件移到新位置，并提供指定新文件名的选项
Replace	使用其他文件的内容替换指定文件的内容
Open	打开文件，返回文件流 FileStream 对象
CreateText	创建或打开一个文件用于写入 UTF-8 编码的文本
AppendText	创建一个 StreamWriter，它将 UTF-8 编码文本追加到现有文件
GetAttributes	获取文件的属性
GetCreationTime	返回指定文件或目录的创建日期和时间
OpenRead	打开现有文件以进行读取，返回 FileStream 对象
OpenText	打开文本文件进行读取，返回 FileStream 对象
OpenWrite	打开现有文件进行写入，返回 FileStream 对象
SetAttributes	设置指定路径上文件的指定的文件属性
SetCreationTime	设置创建该文件的日期和时间
Encrypt	将某个文件加密，使得只有加密该文件的账户才能将其解密

下面我们通过代码介绍一些常用方法的使用。

（1）文件创建方法：File.Create()

该方法的声明如下：

```
public static FileStream Create(string path)
```

在 c:\tempuploads 下创建名为 newFile.txt 的文件，代码如下：

```
static void Main(string[] args)
{
    FileStream NewText=File.Create(@"c:\tempuploads\newFile.txt");
    NewText.Close();
```

```
    }
```

由于 File.Create 方法默认向用户授予对新文件的完全读/写访问权限，因此，需要使用 FileStream 类的 Close 方法将所创建的文件关闭后才能由其他应用程序打开。

> **提示**　　上述字符串的前缀@表示，字符串应逐个字符地解释，"\" 解释为 "\"，而不解释为转义字符。如果不使用@前缀，就需要使用 "\\" 代替 "\"，以避免编译器将这个字符解释为转义字符。

（2）文件打开方法：File.Open ()

该方法的声明如下：

public static FileStream Open(string path,FileMode mode)

打开存放在 c:\tempuploads 目录下名称为 newFile.txt 文件，并在该文件中写入"hello"，代码如下：

```
static void Main(string[] args)
{
    FileStream TextFile=File.Open(@"c:\tempuploads\newFile.txt",FileMode.Append);
    byte [] Info = {(byte)'h',(byte)'e',(byte)'l',(byte)'l',(byte)'o'};
    TextFile.Write(Info,0,Info.Length);
    TextFile.Close();
}
```

（3）文件复制方法：File.Copy

该方法声明如下：

public static void Copy(string sourceFileName,string destFileName,bool overwrite)

将 c:\tempuploads\newFile.txt 复制到 c:\tempuploads\BackUp.txt，代码如下：

```
static void Main(string[] args)
{
    File.Copy(@"c:\tempuploads\newFile.txt",@"c:\tempuploads\BackUp.txt",true);
}
```

> **提示**　　由于 Cpoy 方法的 overwrite 参数设为 true，所以如果 BackUp.txt 文件已存在的话，旧文件将会被覆盖。

（4）设置文件属性方法：File.SetAttributes

该方法声明如下：

public static void SetAttributes(string path,FileAttributes fileAttributes)

下面的代码可以设置文件 c:\tempuploads\newFile.txt 的属性为只读、隐藏。

```
static void Main(string[] args)
{
    File.SetAttributes(@"c:\tempuploads\newFile.txt",
                        FileAttributes.ReadOnly|FileAttributes.Hidden);
}
```

除了常用的只读和隐藏属性外，还有 Archive（文件存档状态）、System（系统文件）和 Temporary（临时文件）等。关于文件属性的详细情况请参看 MSDN 中 FileAttributes 的描述。

（5）判断文件是否存在的方法：File.Exist

该方法声明如下：

public static bool Exists(string path)

下面的代码判断是否存在 c:\tempuploads\newFile.txt 文件。

if(File.Exists(@"c:\tempuploads\newFile.txt")) //判断文件是否存在
{ }

（6）文件移动方法：File.Move

该方法声明如下：

public static void Move(string sourceFileName,string destFileName);

下面的代码可以将 c:\tempuploads 下的 BackUp.txt 文件移动到 c 盘根目录下。

```
static void Main(string[] args)
{
    File.Move(@"c:\tempuploads\BackUp.txt",@"c:\BackUp.txt");
}
```

提示 注意：只能在同一个逻辑盘下进行文件转移。如果试图将 c 盘下的文件转移到 d 盘，将发生错误。

（7）文件删除方法：File.Delete()

该方法声明如下：

public static void Delete(string path);

下面的代码演示如何删除 c:\tempuploads 目录下的 newFile.txt 文件。

```
static void Main(string[] args)
{
    File.Delete(@"c:\tempuploads\newFile.txt");
}
```

（二）FileInfo 类

FileInfo 类是一个实例类，仅用于实例化的对象。其常用属性如表 9-2 所示。

表 9-2 FileInfo 类的常用属性及说明

属　性	说　明
Attributes	获取/设置当前文件或目录的属性
CreationTime	获取/设置当前文件或目录的创建时间
Exists	获取指示目录是否存在的值（true 或 false）
Extension	获取表示文件扩展名部分的字符串
FullName	获取目录或文件的完整目录
LastAccessTime	获取或设置上次访问当前文件或目录的时间
LastWriteTime	获取或设置上次写入当前文件或目录的时间
Name	获取文件名
Length	获取当前文件的大小
Directory	获取父目录的实例

FileInfo 类和 File 类的方法基本相同，只是在使用 FileInfo 类时，只有实例化对象实例化对象后才可以调用其中的方法。

例如：复制一个文件到另外一个地方，编写代码如下：

```
FileInof fi = new FileInfo();
fi.CopyTo(newFilePath);
```

> 提示
>
> 关于 FileInfo 类和 File 类的使用：
> 如果应用程序在文件上执行几种操作，则使用 FileInfo 类更好一些，因为创建对象时，已经引用了正确的文件，若使用静态类 File 每次都要寻找文件，会花费较多时间；如果进行单一的方法调用，则建议用 File 类，不必实例化对象。

二、Directory 类和 DirectoryInfo 类

Directory 类定义了用于复制、移动、重命名、创建和删除目录的静态方法。DirectoryInfo 类定义的方法为实例方法。这两者之间的关系，就如同 File 和 FileInfo 类之间的关系。

（一）Directory 类

Directory 类的相关方法和说明如表 9-3 所示。

表 9-3　Directory 类的常用方法及说明

方　法	说　明
CreateDirectory	创建指定路径中的所有目录
Delete	删除指定目录
Exists	确定给定路径是否引用磁盘上的现有目录
Move	将文件或目录及其内容移到新位置
EnumerateDirectories	返回指定路径中的目录名称的可枚举集合
EnumerateFiles	返回指定路径中的文件名的可枚举集合
GetCreationTime	获取目录的创建日期和时间
GetCurrentDirectory	获取应用程序的当前工作目录
GetDirectories	获取指定目录中的子目录的名称
GetFiles	返回指定目录中文件的名称
GetFileSystemEntries	返回指定目录中所有文件和子目录的名称
GetLastAccessTime	返回上次访问指定文件或目录的日期和时间
GetLastWriteTime	返回上次写入指定文件或目录的日期和时间
GetLogicalDrives	获取逻辑驱动器的名称
GetParent	检索指定路径的父目录，包括绝对路径和相对路径

（二）DirectoryInfo 类

若希望多次重用某个对象，可考虑使用 DirectoryInfo 类的实例方法。DirectoryInfo 类的方法与 DirectoryInfo 类功能相似，这里仅介绍 DirectoryInfo 类的常用属性，如表 9-4 所示。

表 9-4 DirectoryInfo 类的属性及说明

属 性	说 明
Attributes	获取或设置当前文件或目录的特性
CreationTime	获取或设置当前文件或目录的创建时间
Extension	获取表示文件扩展名部分的字符串
Exists	获取指示目录是否存在的值
FullName	获取目录或文件的完整目录
LastAccessTime	获取或设置上次访问当前文件或目录的时间
Name	获取此 DirectoryInfo 实例的名称
Parent	获取指定子目录的父目录
Root	获取路径的根部分

任务实施——创建简易文件管理器

通过预备知识所学内容，实现在指定目录下创建、删除文件夹和文件的功能。

实施步骤

步骤 1 新建一个 Windows 窗体应用程序，将其命名为 createolderandfile。向 Form1 中添加 2 个 Panel 控件、2 个 Label 控件、2 个 TextBox 控件、4 个 Button 控件，按如图 9-1 所示设置控件相关属性。

图 9-1 窗体设计效果

步骤 2 窗体设计结束后，双击窗体控件或者按【F7】键，进入窗体的代码文件开始编写代码，首先要引入命名空间 System.IO，如下所示：

```
using System.IO;
```

步骤3 双击窗体文件中的"创建文件夹"按钮，进入代码视图，为其单击事件添加如下代码：

```
private void button1_Click(object sender, EventArgs e)
{
    if (textBox1.Text=="")
    {
        MessageBox.Show("请输入文件夹的路径","提示", MessageBoxButtons.YesNo);
    }
    else
    {
        if (DialogResult.Yes == MessageBox.Show("是否要创建文件夹" +
                textBox1.Text.ToString(), "提示", MessageBoxButtons.YesNo))
        {
            Directory.CreateDirectory(textBox1.Text);
            textBox1.Text = "";
        }
    }
}
```

步骤4 双击窗体文件中的"删除文件夹"按钮，进入代码视图，为其单击事件添加如下代码：

```
private void button2_Click(object sender, EventArgs e)
{
    if (textBox1.Text == "")
    {
        MessageBox.Show("请输入文件夹的路径", "提示", MessageBoxButtons.YesNo);
    }
    else
    {
        if (DialogResult.Yes == MessageBox.Show("是否要删除文件夹" +
                textBox1.Text.ToString(), "提示", MessageBoxButtons.YesNo))
        {
            Directory.Delete(textBox1.Text);
            textBox1.Text = "";
```

```
        }
    }
}
```

步骤5 双击窗体文件中的"创建文件"按钮，进入代码视图，为其单击事件添加如下
代码：

```
private void button3_Click(object sender, EventArgs e)
{
    if (textBox2.Text == "")
    {
        MessageBox.Show("请输入文件的路径", "提示", MessageBoxButtons.YesNo);
    }
    else
    {
        if (DialogResult.Yes == MessageBox.Show("是否要创建文件" +
                text Box2.Text.ToString(), "提示", MessageBoxButtons.YesNo))
        {
            File.Create(textBox2.Text);
            textBox2.Text = "";
        }
    }
}
```

步骤6 双击窗体文件中的"删除文件"按钮，进入代码视图，为其单击事件添加如下
代码：

```
private void button4_Click(object sender, EventArgs e)
{
    if (textBox2.Text == "")
    {
        MessageBox.Show("请输入文件的路径", "提示", MessageBoxButtons.YesNo);
    }
    else
    {
        if (DialogResult.Yes == MessageBox.Show("是否要创建文件" +
                textBox2.Text.ToString(), "提示", MessageBoxButtons.YesNo))
        {
```

```
                    File.Delete(textBox2.Text);
                    textBox2.Text = "";
                }
            }
        }
```

步骤7 保存文件后按【F5】键调试程序，弹出的窗体文件如图 9-2 左图所示，在"文件夹路径"下方的文本框中输入文件夹路径，然后单击"创建文件夹"按钮，则会弹出提示框询问是否创建文件夹，单击"是"按钮后将在指定路径创建指定文件夹。按照同样的方法，测试"删除文件夹"、"删除文件夹"、"创建文件"和"删除文件"按钮的功能，如图 9-2 和图 9-3 所示。

图 9-2　创建、删除文件夹　　　　图 9-3　创建、删除文件

任务二　学习文件读写相关类

任务说明

C# 将文件看作是存储在磁盘上的一系列二进制字节信息，采用流模型进行文件的读写操作，即将文件看作数据的源泉，然后建立一条通道供数据流入流出。在本任务中我们就来学习用于建立通道和控制数据的流入流出的常用文件流。

预备知识

C# 中常用流的层次结构如图 9-4 所示。

```
父类                              ───────────►              子类
System.Object   | -- System.MarshalByRefObject  |-- Stream【流的基类】
【对象类】      |     【域边界通信基类】         |        |-- BufferedStream【缓冲器】
                |                                |        |-- MemoryStream【内存流】
                |                                |        |-- FileStream  【文件流】
                |                                |-- TextReader【文本读取器】
                |                                |        |-- StringReader 【字符串读取类】
                |                                |        |-- StreamReader  【流读取类】
                |                                |-- TextWriter【文本写入器】
                |                                |        |-- StringWriter 【字符串写入类】
                |                                |        |-- StreamWriter 【流写入类】
                |-- BinaryReader 【二进制读取类】
                |-- BinaryWriter 【二进制写入类】
```

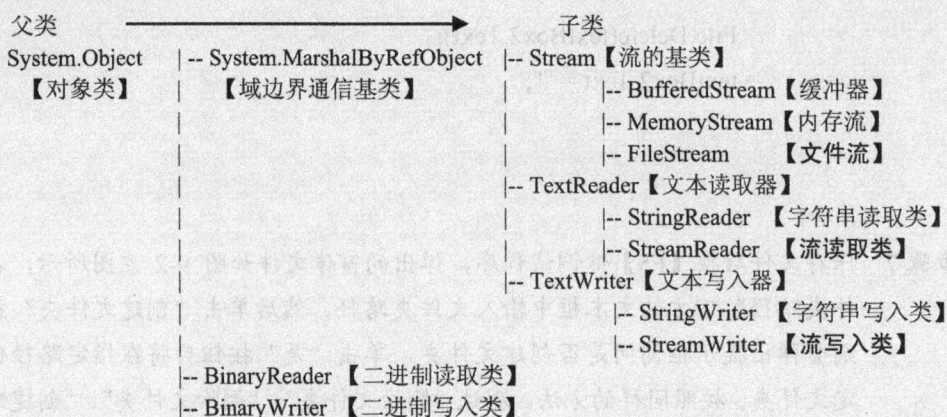

图 9-4   C# 流层次结构

在本任务中我们主要学习 FileStream,StreamReader 和 StreamWriter 类：

➢ **FileStream 类**：用于产生文件流。

➢ **StreamWriter 类**：向流中写入字符。

➢ **StreamReader 类**：从流中读取字符。

一、FileStream 类

FileStream 对象，也称为文件流对象，为文件的读写操作提供通道。在文件读写操作中，首先要实例化一个 FileStream 类对象。

（一）创建 FileStream 对象

创建 FileStream 对象的方式不是单一的，在前面的学习中，我们知道时用 File 类提供的方法在创建或打开文件时，总会产生一个 FileStream 对象，因此可以用 File 对象的 Create()方法或 Open()方法来创建 FileStream 对象，也可以采用 FileStream 对象的构造函数。

（1）使用 File 对象的 Create 方法

```
FileStream mikecatstream;
mikecatstream = File.Create("c:\\mikecat.txt");
```

本段代码的含义：

利用类 File 的 Create()方法在 C:根目录下创建文件 mikecat.txt，并把文件流赋给 mikecatstream 对象。

（2）使用 File 对象的 Open 方法

```
FileStream mikecatstream;
mikecatstream = File.Open("c:\\mikecat.txt", FileMode.OpenOrCreate, FileAccess.Write);
```

本段代码的含义：

利用类 File 的 Open()方法打开在 c:根目录下的文件 mikecat.txt,打开的模式为"打开或创建",对文件的访问形式为"只写",并把文件流赋给 mikecatstream 对象。

(3) 使用类 FileStream 的构造函数

FileStream 类的构造函数提供了十几种重载,最常用的有 3 种:

➢ FileStream(string FilePath, FileMode)。

➢ FileStream(string FilePath, FileMode, FileAccess)。

➢ FileStream(string FilePath, FileMode, FileAccess, FileShare)。

FilePath、FileMode、FileAccess 和 FileShare 的含义如下:

➢ **FilePath**:文件路径,即指定访问的文件。

➢ **FileMode**:创建模式。例如,创建一个新文件还是打开一个现有的文件。如果打开一个现有的文件,写入操作是覆盖文件原来的内容还是添加到文件的末尾。

➢ **FileAccess**:读/写权限,是只读、只写,还是读写。

➢ **FileShare**:共享权限,表示是否独占访问文件,如果允许其他流同时访问文件,则这些流具有什么权限,是只读、只写,还是读写文件。

FileMode,ileAccess 和 FileShare 都是 System.IO 命名空间中的枚举类型,取值如表 9-5~9-7 所示。

表 9-5 FileMode 枚举值的含义

取 值	说 明
Append	打开现有文件准备向文件追加数据,只能同 FileAccess.Write 一起使用
Create	指定操作系统应创建新文件,如果文件已存在,它将被覆盖
CreateNew	指示操作系统应创建新文件,如果文件已经存在,将引发异常
Open	指定操作系统应打开现有文件,打开文件的能力取决于 FileAccess 所指定的值
OpenOrCreate	指示操作系统应打开文件,如果文件不存在则创建新文件
Truncate	指示操作系统应打开现有文件,并且清空文件内容

表 9-6 FileAccess 枚举值的含义

取 值	说 明
Read	对文件读访问
ReadWrite	对文件读或写操作
Write	对文件进行写操作

表 9-7 FileShare 枚举值的含义

取 值	说 明
Delete	允许随后删除文件
Inheritable	使文件句柄可由子进程继承，Win32 不直接支持此功能
None	谢绝共享当前文件
Read	允许别的程序读取当前文件
ReadWrite	允许别的程序读写当前文件
Write	允许别的程序写当前文件

下面看几个例子：

① 利用类 FileStream 的构造函数打开在 c 根目录下的文件 mikecat.txt，打开的模式为"打开或创建"，对文件的访问形式为"只写"，并把文件流赋给 mikecatstream 对象。

```
FileStream mikecatstream;
mikecatstream = new FileStream("c:\\mikecat.txt", FileMode.OpenOrCreate,
                                                 FileAccess.Write);
```

② 利用类 FileStream 的构造函数打开当前目录下的文件 Test.cs，打开的模式为打开或创建，对文件的访问形式为读写，共享模式为拒绝共享，并把文件流赋给 fstream。

```
FileStream fstream = new FileStream("Test.cs", FileMode.OpenOrCreate,
                                    FileAccess.ReadWrite, FileShare.None);
```

③ 利用类 FileStream 的构造函数打开当前目录下的文件名为字符串 name 的文件，打开的模式为打开，对文件的访问形式为只读，共享模式为读共享，并把文件流赋给 s2。

```
FileStream s2 = new FileStream(name, FileMode.Open, FileAccess.Read, FileShare.Read);
```

（二）FileStream 类的属性与方法

FileStream 类的常用属性及说明如表 9-8 所示。

表 9-8 FileStream 类的属性及说明

属 性	说 明
CanRead	获取一个值，该值指示当前流是否支持读取
CanWrite	获取一个值，该值指示当前流是否支持写入
CanSeek	获取一个值，该值指示当前流是否支持查找

属 性	说 明
Length	获取用字节表示的流长度
Name	获取传递给构造函数的 FileStream 的名称

FileStream 类的常用方法及说明如表 9-9 所示。

表 9-9　FileStream 类的方法及说明

方 法	说 明
Read	从流中读取字节块并将该数据写入给定缓冲区中
Write	使用从缓冲区读取的数据将字节块写入该流
Seek	将该流的当前位置设置为给定值
Equals	确定两个 Object 实例是否相等
Close	关闭当前流并释放与之关联的所有资源
Flush	清除该流的所有缓冲区，使得所有缓冲的数据都被写入到基础设备
GetType	获取当前实例的 Type
ReadByte	从文件中读取一个字节，并将读取位置提升一个字节
WriteByte	将一个字节写入文件流的当前位置
SetLength	将该流的长度设置为给定值
ToString	返回表示当前 Object 的 String
Lock	允许读取访问的同时防止其他进程更改 FileStream

下面将通过一些具体的实例讲解 FileSteam 操作文件的过程。我们先来看一行代码：

FileStream fs = new FileStream("lx.txt", FileMode.OpenOrCreat, FileAccess.ReadWrite);

此行语句将打开程序运行目录下的"lx.txt"文件，对文件进行读写访问。当打开文件时 FileStream 类对象会创建一个内部文件指针，这个指针默认指向文件的开始位置。但是，这个指针可以修改，允许程序将指针定位在文件的任何位置，实现此功能的是 Seek 方法。

Seek 方法的函数原型为 public override long Seek(long offset,SeekOrigin origin)，其中参数 offset 是指针从起始位置移动的距离；参数 SeekOrigin 则规定了开始计算的起始位

置，它有 3 个枚举值 Begin,Current,End，分别表示开始、当前和结束。

例如下面的代码表示将文件指针移到以当前位置的 8 个字节后。

```
fs.Seek(8,SeekOrigin.Current);
```

FileSteam 类以字节的方式读取文件，因此可以用于读取任何类型的数据文件，例如文本、图像、声音等。FileSteam 对象中 Read 方法的原型为 Read(byte[]array,int offset,int count)，其中，参数 array 是字节数组，用来接受 FileStream 对象中的数组。offset 参数是字节数组中开始写入的位置。Count 规定了从文件中读出的字节数。

向文件中写入数据的方法原型与读取数据类似：Write(byte[]array,int offse,int count)。其中，参数 array 是要写入的字节数组，offset 参数是字节数组中开始的位置，Count 规定了向文件组写入的字节数。

这里提醒读者，在对文件进行读写操作时，要遵循下面 3 步：

① 创建文件读写流对象；

② 对文件进行读写；

③ 关闭文件流。

下面来看两个对文件进行读写的例子。

对文件进行读操作：

```
//新建 fs 流对象对象产生的路径是 textbox1.text 的值，文件的模式是可读可写
using (FileStream fs = File.Open(textBox1.Text, FileMode.OpenOrCreate))
{
    //新建字节型数组，数组的长度是 fs 文件对象的长度（用于存放文件）
    byte[] bt=new byte[fs.Length];
    //通过 fs 对象的 Read 方法 bt 得到了 fs 对象流中的内容
    fs.Read(bt,0,bt.Length);
    //关闭 fs 流对象
    fs.Close();
    //将 bt 中的数据由 Encoding.Default.GetString(bt)方法取出，交给 textbox2.text
    textBox2.Text = System.Text.Encoding.Default.GetString(bt);
}
```

对文件进行写入操作：

```
//新建 fs 流对象,对象操作的文件路径在 textbox1.text 中,fs 的操作模式是 FileMode.Create
using (FileStream fs = File.Open(textBox1.Text, FileMode.Create))
{
    //新建字节型数组 bt 对象，bt 对象得到了 textbox2.text 的 Encoding 的值
    byte[] bt = System.Text.Encoding.Default.GetBytes(textBox2.Text);
```

```
//将 bt 字节型数组对象的值写入到 fs 流对象中（文件）
fs.Write(bt,0,bt.Length);
//关闭流对象
fs.Close();
}
```

二、StreamWriter 类

FileSteam 类虽然可以用于任何数据文件，但是，在处理文本文件时 StreamWriter 类和 StreamReader 类更方便。StreamWriter 类的常用方法如表 9-10 所示。

表 9-10 StreamWriter 类的方法及说明

方法名	说　明
Close	关闭当前的 StreamWriter 对象和基础流
Dispose	释放由 TextWriter 对象占用的所有资源
Equals	确定指定的 Object 是否等于当前的 Object
Flush	清理当前编写器的所有缓冲区，并使所有缓冲数据写入基础流
GetHashCode	用作特定类型的哈希函数
GetType	获取当前实例的 Type
ToString	返回表示当前对象的字符串
Write	向文本文件中写入数据
WriteLine	将行结束符写入文本流

StreamWriter 中最常用的方法有两个：Write 方法和 WriteLine 方法。这两个方法都是用来向文本文件中写入字符串的，区别在于，WriteLine()方法会自动追加一个换行符。

StreamWriter 使用完毕后，要调用 Close()方法将其关闭。

下面看一段对 txt 文件进行"写"操作的代码：

```
StreamWriter =
    new StreamWrite(@"c:\tempuploads\newFile.txt",System.Text.Encoding.Default);
string FileContent;
TxtWriter.Write(FileContent);
TxtWriter.Close();
```

三、StreamReader 类

StreamReader 类用来读取标准文本文件的各行信息。StreamReader 类能够指定编码范围参数，除非特殊指定，StreamReader 的默认编码为 UTF-8，而不是当前系统的 ANSI 代码页。StreamReader 类的常用方法如表 9-11 所示。

表 9-11　StreamReader 类的方法及说明

方　法	说　明
Read	读取输入流中的下一个字符并使该字符的位置提升一个字符
ReadLine	从当前流中读取一行字符并将数据作为字符串返回
ReadToEnd	从流的当前位置读取到末尾，适合小文件的读取，一次性的返回整个文件
Close	关闭 StreamReader 对象和基础流，并释放与读取器关联的所有系统资源
Equals	确定指定的 Object 是否等于当前的 Object
GetType	获取当前实例的 Type
ToString	返回表示当前对象的字符串

StreamReader 类对象在使用完毕后也需要及时调用 Close 方法关闭。下面看一段对 txt 文件进行"读"操作的代码：

```
StreamReader TxtReader =
    new StreamReader(@"c:\tempuploads\newFile.txt",System.Text.Encoding.Default);
string FileContent;
FileContent = TxtReader.ReadEnd();
TxtReader.Close();
```

任务实施——制作简易文件读写器

使用 StreamWriter 类和 StreamReader 类的知识创建 Windows 窗体应用程序，实现文件的读写操作。程序界面如图 9-5 所示。

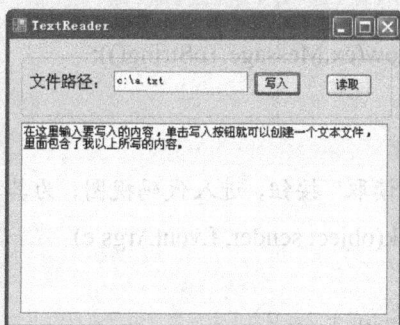

图 9-5　程序界面

实施步骤

步骤 1　新建一个 Windows 应用程序，向窗体里添加 1 个 Panel 控件、1 个 Label 控件、2 个 TextBox 控件、2 个 Button 控件，修改相关属性后布局效果如图 9-5 所示。

步骤 2　窗体设计完整后，双击窗体控件或者按【F7】键，进入窗体的代码视图，开始编写代码，首先引入命名空间 System.IO。

步骤 3　双击窗体文件中"写入"按钮，进入代码视图，为其单击事件添加如下代码：

```csharp
private void btnWrite_Click(object sender, EventArgs e)
{
    string path = txtFilePath.Text;
    string content = txtContent.Text;
    if (String.IsNullOrEmpty(path) == true)
    {
        MessageBox.Show("文件路径不能为空");
        return;
    }
    try
    {
        FileStream myFs = new FileStream(path, FileMode.CreateNew); //创建文件流
        StreamWriter mySw = new StreamWriter(myFs);                 //创建写入器
        mySw.Write(content);                                        //将录入的内容写入文件
        mySw.Close();                                               //关闭写入器
        myFs.Close();                                               //关闭文件流
        MessageBox.Show("写入成功");
    }
    catch (Exception ex)
```

```
        {
                MessageBox.Show(ex.Message.ToString());
        }
    }
```

步骤 4 双击窗体文件中的"读取"按钮，进入代码视图，为其单击事件添加如下代码：

```
private void btnRead_Click(object sender, EventArgs e)
{
        string path = txtFilePath.Text;
        string content;
        if (String.IsNullOrEmpty(path) == true)
        {
                MessageBox.Show("文件路径不能为空");
                return;
        }
        try
        {
                FileStream myfs = new FileStream(path,FileMode.Open); //创建文件流
                StreamReader mySr = new StreamReader(myfs);           //创建读取器
                content = mySr.ReadToEnd();                //读取文件所有内容
                txtContent.Text = content;
                mySr.Close();                             //关闭读取器
                myfs.Close();                             //关闭文件流
        }
        catch (Exception ex)
        {
                MessageBox.Show(ex.Message.ToString());
        }
}
```

> **提示** 这里需要注意的是，当我们准备读取文件数据时所创建的文件流，其 FileMode 应该设置为 FileMode.Open，而不是 FileMode.Create。

步骤 5 用 StreamReader 读取文件中的中文文本，有时因为文件的编码格式可能不同，可能会产生乱码问题。这里需要通过 System.Text.Encoding.Default 通知 StreamReader 目前操作系统的编码，即在"读取"按钮的单击事件代码中将创

建读写器的代码改写如下：

```
StreamReader mySr = new StreamReader(myfs, System.Text.Encoding.Default);
```

步骤6 保存程序代码，按【F5】键调试程序，测试程序功能。

项目总结

项目九分为两个任务，介绍了文件处理技术的相关知识。任务一中介绍了用于实现文件管理相关功能的类——File,FileInfo,Directory 和 DirectoryInfo。任务二介绍了用于文件读写的类——FileStream,StreamWriter 和 StreamReader。读者在学完本项目内容后，应重点掌握以下知识：

➤ 创建和管理文件及文件夹的方法。
➤ 读写文件的方法。

项目考核

一、选择题

1. 下面的 C# 代码用来执行文件拷贝：

```
using System;
using System.IO;
class Copy
{
    static void Main(string[] args)
    {
        Directory.CreateDirectory("C# .NET");
        File.Copy("ACCP.TXT","C# .NET\\ACCP.TXT");
        Console.ReadLine();
    }
}
```

假设当前目录下文件"ACCP.TXT"存在，以下说法正确的是_____。

    A. 程序不能编译通过，因为 File 类中包含了 Copy 方法，类名 Copy 产生重复

    B. 程序不能编译通过，因为 Directory 和 File 没有被实例化

    C. 程序能编译通过，但会产生运行时错误，因为创建的文件夹不允许包含"#"字符

    D. 程序能编译通过，并且能够正确执行文件拷贝

2. 使用 Dirctory 类的下列方法，可以获取指定文件夹中的文件的是_____。

    A．Exists()   B．GetFiles()

    C．GetDirectories()   D．CreateDirectory()

3. StreamWriter 对象的下列方法，可以向文本文件写入一行带回车和换行的文本的是_____。

    A．WriteLine()   B．Write()   C．WritetoEnd()   D．Read()

4. （多选）针对如上 C# 代码段，以下说法正确的是_____。

```
FileStream fs = new Filestream
                ("c:\\test.txt",FileMode.Create,FileAccess.ReadWrite,Fileshare.None);
```

    A．如果 c 盘根目录下已经存在文件 test.txt，则编译报错

    B．如果 c 盘根目录下已经存在文件 test.txt，则改写 test.txt 文件，将其内容清空

    C．如果 c 盘根目录下已经存在文件 test.txt，则不做任何操作，但对该文件持有读写权

    D．如果 c 盘根目录下不存存在文件 test.txt，则建立一个内容为空的 test.txt 文件

5. 以下 C# 代码用来读写特定的文件：

```csharp
using System;
using System.IO;
public class FileReader
{
    public static void Main(string[] args)
    {
        string Filename = "ACCP.TXT";
        if(!File.Exists(Filename))
        {
            Console.WriteLine("{0}  不存在!", Filename);
            return;
        }
        StreamReader sr = File.OpenText(Filename);
        string input;
        while((input = sr.ReadLine()) != null)
            Console.WriteLine(input);
        Console.WriteLine();
        sr.Close();
    }
```

```
        }
```
假设 ACCP.TXT 文件的内容有两行，如下：

AAAAA

BBBBB

则以下说法正确的是_____。

    A. 程序中存在错误，因为代码行 StreamReader sr = File.OpenText(Filename);必须指定文件打开的模式

    B. 程序将打印输出"ACCP.TXT 不存在！"并退出

    C. 程序无错误，输出的数据行为一行

    D. 程序无错误，并且最后输出两行数据

二、简答题

1. 简述 File 和 FileInfo 类、Directory 和 DirectoryInfo 类的区别。

2. 简述 FileStream 类的构造函数中参数 FilePath,FileMode,FileAccess 和 FileShare 的含义。

项目实训　设计文件自动备份器

利用本项目所学文件处理的知识，设计一个文件自动备份器，根据所设定的日期自动将备份路径所指文件备份至目标路径。程序运行界面如图9-6所示。

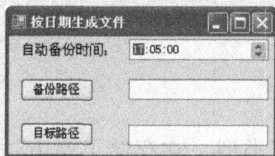

图 9-6　程序运行界面

项目十　委托与事件
——教你如何引用方法

项目导读

　　程序语言中的很多概念都源自生活。C# 中的"委托"就与生活中的委托含义相似（例如委托律师等），即被委托方代委托方处理问题。通过委托技术我们可以将一个方法委托给一个对象，此后这个对象便可以全权代理方法的执行了。

　　C# 中的事件机制同样源于生活，表示由事件的发起者发出消息通知事件的接收者来执行某些动作。

知识目标

- 理解委托的概念并掌握其应用方法。
- 理解事件机制并掌握其应用方法。

任务一　学习委托的基本操作

任务说明

　　委托是 C# 中的一种引用数据类型，它存储了对方法的引用，类似于 C/C++中的函数指针。与函数指针不同的是，委托是面向对象的且类型安全。另外，委托可以引用静态方法和实例方法，而函数指针只能引用静态函数。下面我们就来学习委托的使用。

预备知识

　　C# 委托派生于 System.Delegate 类，使用委托需要 3 个步骤：
- 定义委托类型。
- 定义委托对象。
- 调用委托。

下面分别对这 3 个步骤进行讨论。

一、定义委托类型

定义委托类型的语法格式为：

[访问修饰符] delegate <返回类型> <委托类型名> ([参数列表]);

说明：

① 返回类型是指委托将要封装（即指向、绑定）的方法的返回值类型，一般为 void 类型；

② 参数列表用于指定所封装方法的各参数类型及参数顺序（称为签名），参数的名字可以不给出；

③ 由于大多数委托都要被重用，所以通常是放在类外部。若在类的内部定义，则在其他类中需要通过"类名.委托类型名"方式访问该委托；

④ 访问修饰符应与委托对象的访问权限一致或高于委托对象的访问权限，在类的外部定义时只能是 public 或 internal，默认为 internal。

例如，下面两条语句为合法的定义委托类型语句：

public delegate void MyDelegate1( );

public delegate int MyDelegate2(int a,int b);

其中，第一条语句定义了一个名字为 MyDelegate1 的委托类型，此类型的委托对象（即变量）可以封装无参数和无返回值的方法；第二条语句定义了一个名字为 MyDelegate2 的委托类型，此类型的委托对象可以封装带参数（int,int）和返回值类型为 int 的方法。

二、定义委托对象

定义委托类型后就可以定义委托对象（也称生成委托实例）了，它用于保存方法的引用（即方法的地址）。一般采用两种格式对其进行定义。

格式一：

[访问修饰符] <委托类型名> <委托对象名> =new <委托类型名> (匹配的方法名);

也可以通过一个已经存在的同类型的委托对象来定义一个新的同类型委托对象。

格式二：

[访问修饰符] <委托类型名> <委托对象名>

　　　　　　　　　　= new <委托类型名> (另一个同类型委托对象名);

> 委托要封装方法，因此，委托对象实例化时要传入与委托数据类型的返回值和参数完全相同的方法名（方法名代表该方法的首地址）。

说明：

① 访问修饰符应与委托类型的访问权限一致或低于委托类型的访问权限；

② 委托对象可以在类内部定义作为类的数据成员，也可以在方法内定义作为局部变量；

③ 委托对象的定义格式与其他引用类型对象的定义格式基本相同。

三、调用委托

这是使用委托的第三步，委托的调用，即执行一个被封装的方法。格式如下：

<委托对象名> (方法实参表);

下面来看一个例子。

```
using System;
//step1: 定义委托类型
delegate int MyDelegate1(int a, int b);
public class DemoDelegate
{
    public int Add(int a, int b)              //类的实例方法
    {
        return a + b;
    }
    public static int Sub(int a, int b)       //类的静态方法
    {
        return a - b;
    }
}
public class MainTest
{
    public static void Main( )
    {
        DemoDelegate dd = new DemoDelegate();              //定义类的对象
        //step2:定义 3 个委托对象
        //通过类对象名封装类的实例方法
        MyDelegate1 md1 = new MyDelegate1(dd.Add);
        //通过类名封装类的静态方法
        MyDelegate1 md2 = new MyDelegate1(DemoDelegate.Sub);
        //封装一个同类型的委托对象
        MyDelegate1 md3 = new MyDelegate1(md1);
```

```
        //step3:调用委托对象
        Console.WriteLine(md1(1,2));
        Console.WriteLine(md2(3,4));
        Console.WriteLine(md3(4,5));
    }
}
```
运行结果为：

```
3
-1
9
```

任务实施——通过委托输出问候信息

通过使用委托输出问候信息。

实施步骤

步骤1 新建一个控制台应用程序，将其命名为 Delegate。在主文件中编写代码如下：

```
namespace Delegate
{
    //定义委托
    public delegate void GreetingDelegate(string name);
    class Program
    {
        private static void EnglishGreeting(string name)
        {
            Console.WriteLine("Morning, " + name);
        }
        private static void ChineseGreeting(string name)
        {
            Console.WriteLine("早上好, " + name);
        }
        //注意此方法，它接受一个 GreetingDelegate 类型的方法作为参数
        private static void GreetPeople(string name, GreetingDelegate MakeGreeting)
        {
            MakeGreeting(name);
```

```
        }
        static void Main(string[] args)
        {
            GreetPeople("Jimmy Nie", EnglishGreeting);
            GreetPeople("聂树成", ChineseGreeting);
            Console.ReadKey();
        }
    }
}
```

步骤 2 按【F5】键调试程序，运行效果如图 10-1 所示。

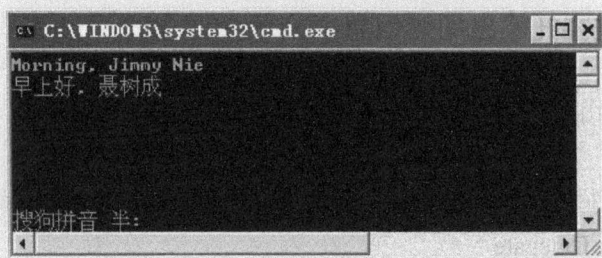

图 10-1 委托程序运行结果

为帮助大家更好的理解程序，这里将程序的执行过程进行说明：

当程序执行 GreetPeople("Jimmy Nie", EnglishGreeting); 语句时程序会将实参值 "Jimmy Nie"传递给形参 name，将 EnglishGreeting 方法赋给 MakeGreeting（MakeGreeting 是委托类型），代码如下：

```
private static void GreetPeople(string name, GreetingDelegate MakeGreeting)
{
    MakeGreeting(name);
}
```

此时，MakeGreeting 的值就是 EnglishGreeting 方法，因此方法里的 MakeGreeting(name);语句已经变成了 EnglishGreeting(name)语句，而参数 name 的值是 "Jimmy Nie"所以输出结果为"Morning, Jimmy Nie"。

> **提示** 其实委托就是一个类，它定义了方法的类型，使得可以将方法当作另一个方法的参数来进行传递，这种将方法动态地赋给参数的做法，可以避免在程序中大量使用条件分支语句，同时使得程序具有更好的可扩展性。

在上面的案例中我们对委托有了一个初步的了解。委托 GreetingDelegate 和 string 类型都定义了一种参数类型，并且使用方式类似。那么，对于委托实例的定义和使用，可以像使用变量一样吗？带着这个问题我们定义了一些字符串变量，熟悉一下它的使用方法：

```
static void Main(string[] args)
{
    string name1, name2;
    name1 = "Jimmy Nie";
    name2 = "聂树成";
    GreetPeople(name1, EnglishGreeting);
    GreetPeople(name2, ChineseGreeting);
    Console.ReadKey();
}
```

接着我们以同样的方式使用委托，代码如下：

```
static void Main(string[] args)
{
    GreetingDelegate delegate1, delegate2;
    delegate1 = EnglishGreeting;
    delegate2 = ChineseGreeting;
    GreetPeople("Jimmy Zhang", delegate1);
    GreetPeople("聂树成",delegate2);
    Console.ReadKey();
}
```

在 VS 中试验程序，输出结果与上例中相同。

任务二　深入认识委托——多重委托

任务说明

一个委托类型的对象不仅可以封装一个方法，还允许同时封装多个与委托类型相匹配的方法，这种方式称为多重委托，也称为"委托的多传播代理"。在本任务中我们就来学习多重委托。

预备知识

实现多重委托使用运算符"+=",从多重委托对象中去掉对某一个方法的封装使用运算符"—="。调用多重委托时将按方法被封装的先后顺序依次分别执行。

> **提示** 在"多传播代理"的情况下,结果只能保存最后一个方法的返回值。为避免其他方法返回值的丢失,多重委托要求被封装的诸方法的返回值类型为 void 类型。

下面来看一个多重委托的例子:

```
static void Main(string[] args)
{
        GreetingDelegate delegate1;
        delegate1 = EnglishGreeting;          //先给委托类型的变量赋值
        delegate1 += ChineseGreeting;         //给此委托变量再绑定一个方法
        //将先后调用 EnglishGreeting 与 ChineseGreeting 方法
        GreetPeople("Jimmy Zhang",delegate1);
        Console.ReadKey();
}
```

输出结果为:

Morning,Jimmy Zhang
早上好,Jimmy Zhang

也可以使用下面的代码来简化这一过程:

```
GreetingDelegate delegate1=new GreetingDelegate(EnglishGreeting);
delegate1 += ChineseGreeting;          //给此委托变量再绑定一个方法
```

> **提示** 第一次用的"=",是赋值的语法;第二次用的"+=",是绑定的语法。如果第一次就使用"+=",将出现"使用了未赋值的局部变量"的编译错误。

任务实施——多重委托应用案例

在任务一的基础上加入多重委托的知识,输出问候信息。

实施步骤

步骤1 新建一个控制台应用程序,将其命名为 DelegateBind。在主文件中编写代码如下:

```
namespace DelegateBind
{
    public delegate void GreetingDelegate(string name);
    class Program
    {
        private static void EnglishGreeting(string name)
        {
            Console.WriteLine("Morning, " + name);
        }
        private static void ChineseGreeting(string name)
        {
            Console.WriteLine("早上好, " + name);
        }
        private static void GreetPeople(string name, GreetingDelegate MakeGreeting)
        {
            MakeGreeting(name);
        }
        static void Main(string[] args)
        {
            GreetingDelegate delegate1 = new GreetingDelegate(EnglishGreeting);
            delegate1 += ChineseGreeting;    // 给此委托变量再绑定一个方法
            // 将先后调用 EnglishGreeting 与 ChineseGreeting 方法
            GreetPeople("Jimmy Nie", delegate1);
            Console.WriteLine();
            delegate1 -= EnglishGreeting; //取消对 EnglishGreeting 方法的绑定
            // 将仅调用 ChineseGreeting
            GreetPeople("聂树成", delegate1);
            Console.ReadKey();
        }
    }
}
```

步骤2 按【F5】键调试程序，运行结果如图10-2所示。

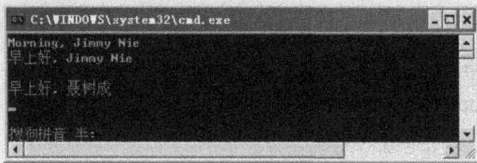

图10-2 多重委托程序运行结果

任务三 学习事件

任务说明

事件机制最常见于图形用户界面，例如当用户单击窗体上的一个按钮后，程序就会产生该按钮被单击的事件（Event），并通过相应的事件处理函数来响应用户的操作。当然，事件并不只是在和用户交互的情况下才会产生的，系统的内部也会产生一些事件并请求处理。在本任务中我们就来学习这一机制。

预备知识

生活中与事件机制最贴近的经典范例就是发行订阅范例了，出版社是事件的发布者（Publisher），订户是事件的订阅者（Subscriber），如图10-3所示，首先订户到出版社订阅图书，出版社发行图书。当出版社发行图书的时候（发行图书这个动作就是个事件），如果订户有订阅该图书，就会看到订阅的图书。

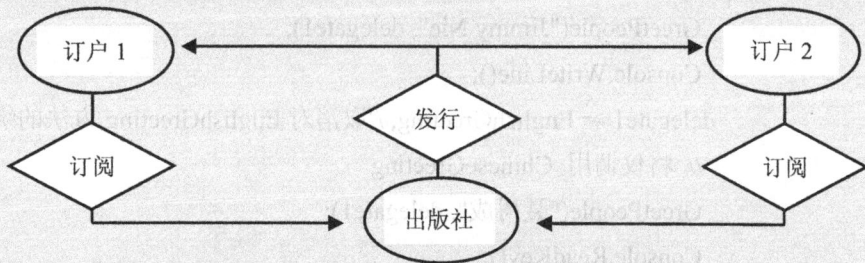

图10-3 发行订阅机制

在这个机制里有两个重要的组成部分，即事件发行者和事件订阅者。

事件发行者：一个事件发行者，也称作发送者（sender）。它其实就是一个对象，这个对象会自行维护本身的状态信息。当本身状态信息变动时，便触发一个事件，并通知所有的事件订阅者。

事件订阅者：对事件感兴趣的对象，也称为接收者（Receiver）。它可以注册感兴趣的事件，通常需提供一个事件处理程序，在事件发行者触发一个事件后，会自动执行这段代码的内容。

事件机制是借助委托来实现的，使用事件的步骤如下：

➤　定义事件的委托类型

一般在类外进行定义，作为一种约定，其名字的后部一般使用字符串 Handler。

➤　在类内定义一个事件成员

这一步骤就是在类内定义一个委托类型的对象（即变量）。

➤　创建响应事件的事件处理方法

➤　订阅事件

将事件处理方法挂接到将要触发的事件上。

➤　触发事件

在定义该事件的类内引发事件，其他类可以通过调用事件来触发事件。

事件提供了将操作方与反应方区分开来的能力，还提供在程序执行期间进行动态响应的能力，当有意义的事情发生时，事件是一个类通知另一个类的有效途径。

下面我们通过任务实施中的例子来学习事件的使用。

任务实施——模拟玩具鸭子唱歌

小的时候我们都玩过摇摇就可以唱歌的玩具小鸭子，在本任务中我们就来模拟实现这个玩具的功能。

实施步骤

步骤 1　新建一个控制台应用程序，将其命名为 Duck。在主文件中编写代码如下：

```
using System;
delegate void CryHandler();              //step-1: 定义事件的委托类型
class Duck                               //定义玩具小鸭类
{
    public event CryHandler DuckCryEvent;      //step-2: 定义小鸭的唱歌事件
    public void Cry()                //step-3: 小鸭的唱歌事件对应的处理方法
    {
        Console.WriteLine("我是一只小鸭，呀呀呀…");
    }
    public Duck()                //玩具小鸭类构造函数
    {
```

```
        // step4: 订阅事件，把小鸭的唱歌事件挂接到 Cry()方法上
        DuckCryEvent+=new CryHandler(Cry);
    }
    public void BeShaked()        //小鸭被摇动
    {
        DuckCryEvent();        //step-5: 引发事件
    }
}
class class2
{
    public static void Main()
    {
        Duck d=new Duck();            //买一只小鸭，即创建该类的一个对象
        d.BeShaked();        //摇一摇小鸭，会触发小鸭的 Cry 事件，它就会唱歌
    }
}
```

步骤 2　按【Ctrl+F5】键运行程序，运行结果如图 10-4 所示。

图 10-4　模拟唱歌程序运行结果

项目总结

项目十分为三个任务，介绍了委托与事件的相关知识。任务一中介绍了委托的基本使用方法；任务二介绍了多重委托的使用；任务三介绍了事件机制。读者在学完本项目内容后，应重点掌握以下知识：

➤　委托与多重委托的应用。
➤　事件的机制。

项目考核

一、选择题

1. 一个委托_____指向多个方法。

    A. 可以   B. 不可以

2. 以下的 C# 代码：

```
using System;
using System.Threading;
class App
{
    Public static void Main()
    {
        Timer timer = new Timer(new TimerCallback(CheckStatus),null,0,2000);
        Console.Read();
    }
    Static void CheckStatus(Object state)
    {
        Console.WriteLine("正在运行检查……");
    }
}
```

在使用代码创建定时器对象的时候，同时指定了定时器的事件，程序运行时将每隔两秒钟打印一行"正在运行检查……"，因此，TimerCallback 是一个_____。

    A. 委托   B. 结构   C. 函数   D. 类名

3. 阅读以下 C# 代码：

```
Namespace tevent
{
    public delegate void notify5();
    class eventTest
    {
        public void Raise5(int I)
        {
            if(I%3==1) Got5();
        }
```

```
            public event notify5 Got5;
        }
        class Handlers
        {
            public static void Method1()
            {
                Console.WriteLine("时间处理完成");
            }
        }
        class class10
        {
            static void Main(String[] args)
            {
                eventTest eObj=new eventTest();
                eObj.Got5+=new notify5(Handlers.Method1);
                for(int cnt=0;cnt<5;cnt++)
                {
                    int y=cnt*2+1;
                    eObj.Raise5(y);
                }
                Console.WriteLine();
            }
        }
    }
```

代码允许的结果为_____。

    A. 控制台窗口不能出任何信息

    B. 在控制台窗口输出"时间处理完成"1次

    C. 在控制台窗口输出"时间处理完成"2次

    D. 在控制台窗口输出"时间处理完成"5次

  4．声明一个委托：

public delegate int myCallBack(int x);

则用该委托产生的回调方法的原型可能是_____。

    A. void myCallBack(int x)   B. int receive(int num)

    C. string receive(int x)   D. 以上都不可能

5. 关于事件的定义正确的是_____。

A. private event OnClick();

B. private event OnClick;

C. public delegate void Click();

   public event Click void OnClick();

D. public delegate void Click();

   public event Click OnClick;

二、简答题

1. 简述委托的原理与使用方法。

2. 简述事件机制的原理。

项目实训 模拟公司监控

假如你是公司老板，有两个员工小张和小王。你告诉小王，如果发现小张玩游戏，则由他扣去小张 500 元。利用委托和事件实现这个程序功能。

提示：这就是现实中的委托。实际上，程序编写者就是老板，小张和小王就是两个对象。程序有如下几个要素：

（1）激发事件的对象是小张，可以为小张创建一个玩游戏方法的一个游戏事件，当玩游戏（即调用游戏方法）时激发这个事件；

（2）处理对象事件的对象是小王，负责把小张的钱扣除 500；

（3）定义委托，让小王监视小张。

程序运行结果如图 10-5 所示。

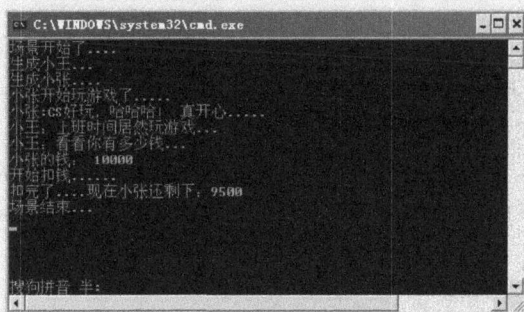

图 10-5 模拟监控程序运行结果

项目十一 泛型

——提高代码重用的最好方法

项目导读

C# 2.0 以后，就引入了泛型的概念。通过使用泛型，可以达到"一次编码，多次使用"的效果，极大地提高代码的重用率，同时还可以获得强类型的支持，避免了隐式的装箱、拆箱，在一定程度上提升了应用程序的性能。

知识目标

- ✎ 掌握泛型的概念以及泛型类和泛型方法的应用
- ✎ 掌握泛型集合的应用

任务一 熟悉泛型基础知识

任务说明

在本任务中我们先来学习泛型的基础知识。

预备知识

一、为什么要使用泛型

我们在编写程序时，经常遇到这样的情形：两个模块的功能非常相似，只是一个用于处理 int 数据，另一个用于处理 string 数据或者其他自定义的数据类型。

先看下面一段代码，它是实现一个只能处理 int 数据类型的栈：

```
public class Stack
{
    private int[] m_item;
    public int Pop(){...}
```

```
public void Push(int item){...}
public Stack(int i)
{
    this.m_item = new int[i];
}
}
```

接着需要一个栈来保存 string 类型，此时，很多人都会想到把上面的代码复制一份，直接把 int 改成 string。当然，这样做本身是没有任何问题的，但若以后再需要 long 类型的栈呢？优秀的程序员会想到用一个通用的数据类型 object 来实现这个栈，代码如下：

```
public class Stack
{
    private object[] m_item;
    public object Pop(){...}
    public void Push(object item){...}
    public Stack(int i)
    {
        this.m_item = new[i];
    }
}
```

这个栈非常灵活，可以接收任何数据类型，但它也存在缺陷，主要表现在：

当 Stack 处理值类型时，会出现装箱、拆箱操作，这将在托管堆上分配和回收大量的变量，若数据量大，则性能损失非常严重；在处理引用类型时，虽然没有装箱和拆箱操作，但将用到数据类型的强制转换操作，增加处理器的负担。

在数据类型的强制转换上还有更严重的问题：

```
Node1 x = new Node1();//假设程序中已经定义了 Node1 和 Node2 两种不兼容的类型
stack.Push(x);        //假设 stack 是 Stack 的一个实例
Node2 y = (Node2)stack.Pop();
```

上面的代码在编译时是完全没问题的，但由于 Push 了一个 Node1 类型的数据，在 Pop 时却要求转换为 Node2 类型，程序运行时将出现的类型转换异常，却逃离了编译器的检查。

针对 object 类型栈的问题，我们引入泛型，它可以很好地解决这些问题。泛型用一个通用的数据类型 T 来代替 object，在类实例化时指定 T 的类型，运行时（runtime）自动编译为本地代码，运行效率和代码质量都有很大提高，并且保证数据类型安全。

下面用泛型来重写上面的栈，代码如下：

```
public class Stack<T>
{
    private T[] m_item;
    public T Pop(){...}
    public void Push(T item){...}
    public Stack(int i)
    {
        this.m_item = new T[i];
    }
}
```

在实例化时用一个实际的类型来代替数据类型 T，代码如下：

```
Stack<int> a = new Stack<int>(100);            //实例化只能保存 int 类型的类
a.Push(10);
//a.Push("8888");            //这一行编译不通过，因为类 a 只接收 int 类型的数据
int x = a.Pop();
Stack<string> b = new Stack<string>(100);       //实例化只能保存 string 类型的类
//b.Push(10);                //这一行编译不通过，因为类 b 只接收 string 类型的数据
b.Push("8888");
string y = b.Pop();
```

泛型类有如下优点：

① 类型安全：实例化为 int 类型的栈，就不能处理 string 等其他类型的数据。

② 无需装箱和拆箱：这个类在实例化时，按照所传入的数据类型生成本地代码，本地代码数据类型已确定，所以无需装箱和拆箱。

③ 无需类型转换。

二、泛型类与泛型方法

在 C# 中，应用泛型思想可以定义泛型类、泛型方法、泛型结构、泛型接口和泛型委托等，本节将重点介绍泛型类和泛型方法。

（一）泛型类

声明泛型类的语法格式如下：

```
类修饰符 Class 类名<T>:基类/接口
{
    //相关代码
}
```

泛型类可以在其定义中包含多个泛型类型，用逗号分隔开，例如：

Public Class MyGenericClass<T1,T2,T3>

{

//……

}

定义这些类型之后，可以将它们用作成员变量的类型、属性或方法成员的返回类型等。另外，在泛型类中也可以使用普通数据类型，可以包含非泛型方法。

C# 在编译泛型类时，先生成中间代码（IL），通用类型 T 只是一个占位符。在实例化类时，根据用户指定的数据类型代替 T 并由即时编译器（JIT）生成本地代码，这个本地代码中已经使用了实际的数据类型，等同于用实际类型写的类，所以不同的封闭类（这里封闭类是指由相同数据类型参数实例化的类）的本地代码是不一样的。例如：Stack<int>和 Stack<string>是两个完全没有任何关系的封闭类，你可以将它们看成类 A 和类 B。

（二）泛型方法

通过前面章节的学习我们知道，类中的成员有很多，例如字段、属性和方法等，但除了方法之外，其他的类成员不能有自定义的泛型类型。声明泛型方法的格式如下：

修饰符　返回类型　方法名<泛型类型形参表>(形参表);

{

//其他语句

}

从上面的格式中可以看出，声明泛型方法的格式比声明普通方法的格式多了一个"<泛型类型形参表>"。

> 泛型方法可以包含在泛型类中也可以在非泛型类中，所以泛型方法中的数据类型可以有三种：一是类的泛型类型，二是自身的泛型类型，另外还可以是普通的系统数据类型。

下面来看一段应用泛型方法的代码：

```
public class Stack2
{
    public void Push<T>(Stack<T> s, params T[] p)
    {
        foreach (T t in p)
        {
            s.Push(t);
```

```
        }
      }
   }
```

Stack2 类可以一次将多个数据压入 Stack 中。其中 Push 是一个泛型方法，调用这个方法的示例如下：

```
Stack<int> x = new Stack<int>(100);
Stack2 x2 = new Stack2();
x2.Push(x, 1, 2, 3, 4, 6);
string s = "";
for (int i = 0; i < 5; i++)
{
    s += x.Pop().ToString();
}                            //至此，s 的值为 64321
```

（三）泛型中的静态成员变量

在前面的学习中，我们知道类的静态成员变量在不同的类实例间是共享的，并且可以直接通过类名来访问。在泛型类中，静态成员变量的机制出现了一些变化：静态成员变量在相同封闭类间共享，不同的封闭类间不共享。例如：

```
Stack<int> a = new Stack<int>();
Stack<int> b = new Stack<int>();
Stack<long> c = new Stack<long>();
```

类实例 a 和 b 是同一类型，他们之间共享静态成员变量；但类实例 c 却和 a,b 是完全不同的类型，所以不能和 a,b 共享静态成员变量。

（四）泛型类中的静态构造函数

静态构造函数只能有一个，不能有参数，且只能在 .NET 运行时自动被调用，不能人工调用。我们把泛型中不同的封闭类理解为不同的类，那么泛型中静态构造函数的原理和非泛型类是一样的。静态构造函数只在以下两种情况被激发：

① 特定的封闭类第一次被实例化。

② 特定封闭类中任一静态成员变量被调用。

（五）泛型类中的方法重载

在泛型类中，由于通用类型 T 在编写类时并不确定，所以在重载时有些注意事项。下面通过一个例子来进行学习：

```
public class Node<T, V>
{
    public T add(T a, V b)              //第一个 add
```

```
    {
        return a;
    }
    public T add(V a, T b)              //第二个 add
    {
        return b;
    }
    public int add(int a, int b)        //第三个 add
    {
        return a + b;
    }
}
```

当使用下面的调用代码时，

```
Node<string, int> node = new Node<string, int>();
object x = node.add(2, "11");
```

这两行调用代码可正确编译，因为传入的 string 和 int，使三个 add 方法具有不同的签名，当然能找到唯一匹配的 add 方法。

但如果 T 和 V 都传入 int 类型，三个 add 方法将具有同样的签名，请看下面的调用代码：

```
Node<int, int> node = new Node<int, int>();
object x = node.add(2, 11);
```

此时，这个类仍然能通过编译，且能调用成功。因为系统会优先匹配了第三个 add 方法。如果删除了第三个 add，上面的调用代码则无法编译通过，提示方法产生混淆无法在第一个 add 和第二个 add 之间选择。

从上面的案例中我们知道：C# 的泛型是在实例的方法被调用时检查重载是否产生混淆，而不是在泛型类本身编译时检查；当一般方法与泛型方法具有相同的签名时，会覆盖泛型方法。

泛型方法重写（override）的主要问题是方法签名的识别规则，在这一点上与方法重载相同，请参考泛型类的方法重载。另外，泛型在接口、结构（struct）、委托中的使用方法大致相同，这里就不再赘述。

任务实施——利用泛型类显示信息

本案例主要完成的是通过下拉列表的 ValueMember 字段隐藏一些数据。数据类型只有在运行时才知道，即可能是基本数据类型，也可能是类类型，需用泛型类实现这个功能。

实施步骤

步骤1 创建一个 Windows 窗体应用程序，将其命名为 MySchool。向 Form1 窗体中添加一个 Button 控件，修改其 Text 值为"泛型类"。然后向该项目中添加一个窗体，将其命名为 FrmGenericClass，修改其 Text 值为"泛型类"，并在此窗体中添加 2 个 Label 控件和 2 个 ComboBox 控件，并设置 label1、label2 的 Text 值分别为"学生集合"、"教师集合"。修改 Form1 窗体中 Button 控件的 name 值为"btnGenericClass"，双击该按钮添加其 click 事件代码，如下所示：

```csharp
private void btnGenericClass_Click(object sender, EventArgs e)      //调用泛型类窗体
{
    FrmGenericClass frm = new FrmGenericClass();
    frm.Show();
}
```

步骤2 在应用程序下添加 Student 类，完整代码如下：

```csharp
namespace MySchool
{
    public class Student
    {
        public Student() : this("张三", 20) { }
        public Student(string name,   int age)
        {
            this.Name = name;
            this.Age = age;
        }
        private string name;
        public string Name
        {
            get { return name; }
            set { name = value; }
        }
        private int age;
```

```
        public int Age
        {
            get { return age; }
            set
            {
                if (value > 0 && value < 100)
                {
                    age = value;
                }
                else
                {
                    age = 18;
                }
            }
        }
        public void SayHi()
        {
            string message = string.Format("大家好，我是 {0} 同学，今年 {1} 岁了",
                                                this.name, this.age);
            MessageBox.Show(message);
        }
    }
}
```

步骤 3　在应用程序下添加 Teacher 类，完整代码如下：

```
namespace MySchool
{
    public class Teacher
    {
        public Teacher(string name) : this(name, 2, 5000) { }
        public Teacher(string name, int servingYears) : this(name, servingYears, 5000) { }
        public Teacher(string name, int servingYears, int salary)
        {
            this.name = name;
            this.servingYears = servingYears;
```

```
                this.salary = salary;
            }
        private string name;
        public string Name
        {
            get { return name; }
            set { name = value; }
        }
        private int salary;
        public int Salary
        {
            get { return salary; }
            set { salary = value; }
        }
        private int servingYears;
        public int ServingYears
        {
            get { return servingYears; }
            set { servingYears = value; }
        }
        public void SayHi()
        {
            string message = string.Format("大家好，我是 {0} 老师。
            我已经在教育战线奋斗了 {1} 年了!",this.name, this.servingYears);
            MessageBox.Show(message);
        }
    }
}
```

步骤 4 该项目中添加一个类文件 ComboBoxItem.cs，为其添加泛型类 ComboBoxItem，详细代码如下所示：

```
namespace MySchool
{
    //定义泛型类
    public class ComboBoxItem<T>
```

```
        {
            private string itemText;
            public string ItemText
            {
                get { return itemText; }
                set { itemText = value; }
            }
            private T itemValue;
            public T ItemValue
            {
                get { return itemValue; }
                set { itemValue = value; }
            }
        }
    }
```

步骤 5 在 FrmGenericClass 窗体的 Load 事件中添加代码如下：

```
private void FrmGenericClass_Load(object sender, EventArgs e)
{
        Student zhang = new Student("张三", 20);
        Student   li = new Student("李四", 19);
        Student   wang = new Student("王五", 20);
        Teacher nie = new Teacher("聂树成", 4);
        Teacher tian = new Teacher("田天", 2);

        //创建 Combox 项，运行时确定泛型类支持的数据类型
        ComboBoxItem<Student> itemzhang = new ComboBoxItem<Student>();
        itemzhang.ItemText = zhang.Name;
        itemzhang.ItemValue = zhang;
        ComboBoxItem<Student> itemli = new ComboBoxItem<Student>();
        itemli.ItemText = li.Name;
        itemli.ItemValue = li;
        ComboBoxItem<Student> itemwang = new ComboBoxItem<Student>();
        itemwang.ItemText = wang.Name;
        itemwang.ItemValue = wang;
```

```
        //创建支持学生类型的 Items 集合
        List<ComboBoxItem<Student>> items = new List<ComboBoxItem<Student>>();
        items.Add(itemzhang);
        items.Add(itemli);
        items.Add(itemwang);
        //在 cboStudents 下拉列表框显示学生
        cboStudents.DataSource = items;
        cboStudents.DisplayMember = "ItemText";
        cboStudents.ValueMember = "ItemValue";


        //创建支持教师类型的 Combox 项
        ComboBoxItem<Teacher> itemtian = new ComboBoxItem<Teacher>();
        itemtian.ItemText = tian.Name;
        itemtian.ItemValue = tian;
        ComboBoxItem<Teacher> itemnie = new ComboBoxItem<Teacher>();
        itemnie.ItemText = nie.Name;
        itemnie.ItemValue = nie;


        //创建 Items 集合，支持教师类型
      List<ComboBoxItem<Teacher>> itemsT = new List<ComboBoxItem<Teacher>>();
        itemsT.Add(itemtian);
        itemsT.Add(itemnie);
        //在 cboTeachers 下拉列表框显示教师
        this.cboTeachers.DataSource = itemsT;
        cboTeachers.DisplayMember = "ItemText";
        cboTeachers.ValueMember = "ItemValue";
}
private void cboStudents_SelectedIndexChanged(object sender, EventArgs e)
{
        if (cboStudents.SelectedIndex>0)
        {
            Student stu=(Student)cboStudents.SelectedValue;
            stu.SayHi();
        }
}
```

```
    }
    private void cboTeachers_SelectedIndexChanged(object sender, EventArgs e)
    {
        if (cboTeachers.SelectedIndex > 0)
        {
            Teacher Tea = (Teacher)cboTeachers.SelectedValue;
            Tea.SayHi();
        }
    }
```

步骤 6 按【Ctrl+F5】键程序运行，在弹出的对话框中单击"泛型类"按钮，将弹出"泛型类"对话框，在此对话框中选择不同的值，系统将弹出不同的信息提示，如图 11-1 所示。

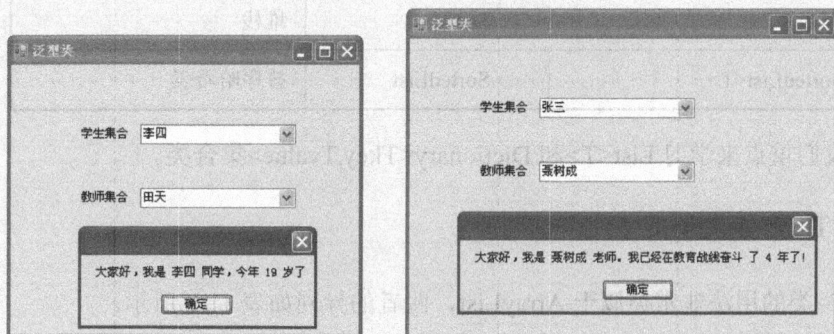

图 11-1 泛型类程序运行结果

> 泛型类相当于一个口袋类，它支持任意的数据类型。这种数据类型在程序运行时确定，如事例中创建了支持学生（student）类型的ComboBoxItem。通过使用泛型，极大地减少了重复代码，使程序更加清爽，泛型类就类似于一个模板，可以在需要时为这个模板传入任何需要的类型。

任务二 泛型集合类

任务说明

泛型的一个重要应用就是泛型集合。在项目八中我们学习集合时提到过泛型集合类，它位于命名空间 System.Collections.Generic 中。本节我们就来学习有关泛型集合类的知识。

预备知识

泛型集合的功能非常强大，能够提高类的安全性和程序的运行效率，在实际的开发过程中有广泛地应用。表 11-1 中以对照的方式列举了最为常用的泛型集合类和同功能的非泛型集合（其部分功能已经在项目八中讲述）。

表 11-1　泛型集合与非泛型集合对比

泛型集合类	对应非泛型集合类	说　明
List<T>	ArrayList	数组列表
Dictionary<Tkey,Tvalue>	Hashtable	存储键值元素的哈希表
Queue<T>	Queue	队列
Stack<T>	Stack	堆栈
SortedList<T>	SortedList	排序哈希表

下面我们重点来学习 List<T> 和 Dictionary<Tkey,Tvalue> 集合类。

一、List<T>泛型集合类

List<T>类的用法非常类似于 ArrayList，两者的异同如表 11-2 所示。

表 11-2　List<T> 与 ArrayList 对比

异同点	List<T>	ArrayList
不同点	增加元素时类型严格检查	可以增加任何类型
	无需装箱拆箱	需要装箱拆箱
相同点	通过索引访问集合元素	
	添加对象方法相同	
	通过索引删除元素	

定义 List<T>语法：

```
List<T>  对象名 ＝ new List<T>();
```

List<T>中相关方法和属性的说明如表 11-3 所示。

表 11-3 List<T>中相关方法和属性的说明

成 员	说 明
int Count	该属性给出集合中项的个数
void Add(T item)	把 item 添加到集合中
void AddRange(IEnumerable<T>)	把多个项添加到集合中
int Capacity	获取或设置集合可以包含的项数
void Clear()	删除集合中的所有项
bool Contains(T item)	确定 item 是否包含在集合中
int IndexOf(T item)	获取 item 的索引，如果项没有包含在集合中，就返回–1
void Insert(int index,T item)	把 item 插入到集合的指定索引上
bool Remove(T item)	从集合中删除第一个 item，并返回 true；如果 item 不包含在集合中，就返回 false
void RemoveAt(int index)	从集合中删除索引 index 处的项

二、Dictionary<TKey,TValue>泛型集合类

泛型集合 Dictionary<TKey,TValue>，具有泛型的全部特性。编译时检查类型约束，获取元素时无需类型转换，并且它存储数据的方式和哈希表类似，也是通过 Key/Value（键/值）保存元素的。定义 Dictionary<TKey,TValue>泛型集合的格式如下：

Dictionary<K,V>对象名=new Dictionary<K,V>();

<K,V>中的 K 表示集合中 Key 的类型，V 表示 Value 的类型。

例如 Dictionary<string,Student>students=new Dictionary<string,Student>(); 这个集合的 Key 类型是字符串型，Value 是 Student 类型。

Dictionary<TKey,TValue>中常用方法和属性如表 11-4 所示。

表 11-4 Dictionary<TKey,TValue>中常用方法和属性

成 员	说 明
Keys 属性	获取 Dictionary 中键的集合
Values 属性	获取 Dictionary 中值的集合
void Add(T item)	将指定的键值添加到 Dictionary

续表 11-4

成 员	说 明
void Clear()	从 Dictionary 中移除所有的键和值
bool Remove(T item)	从 Dictionary 中移除指定的键和值

任务实施——List<T>泛型集合应用

本案例利用泛型集合 List<T>的知识输出学生相关信息，案例效果是单击"泛型集合 List<T>"按钮，将顺序显示学生的相关信息，如图 11-2 所示。

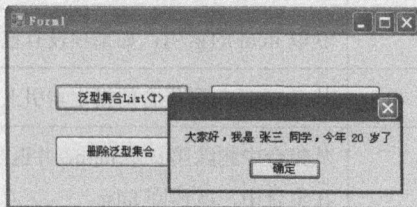

图 11-2　泛型集合程序运行结果

实施步骤

步骤 1　打开任务一中的"MySchool"Windows 应用程序，向窗体 Form1 中添加一个 Button 按钮，将其 Text 值设为为"泛型集合 List<T>"，name 值为"btnList"。再添加一个按钮，将其 Text 值修改为"删除泛型集合"，name 值为"btnDelete"。在类 Form1 中创建几个对象，代码如下：

```
List<Student> students;            //泛型集合类 List<T>对象
Student zhang;                     //学生对象
Student li;                        //学生对象
Student wang;                      //学生对象
```

步骤 2　双击"泛型集合 List<T>"按钮，在其单击事件中添加如下代码：

```
private void btnList_Click(object sender, EventArgs e)
{
    students = new List<Student>();
    Student zhang = new Student("张三", 20);
    Student li = new Student("李四", 19);
    Student wang = new Student("王五", 20);
    Teacher nie = new Teacher("聂树成", 4);
```

```
        students.Add(zhang);
        students.Add(li);
        students.Add(wang);
        //打印集合数目
        MessageBox.Show(string.Format("班级共包括 {0} 个成员。
                                     ",students.Count.ToString()));
        foreach (Student stu in students)
        {
            stu.SayHi();
        }
    }
```

步骤3 双击"删除泛型集合"按钮，在其单击事件中添加如下代码：

```
    private void btnDelete_Click(object sender, EventArgs e)
    {
        //通过索引访问
        Student stu = students[0];
        stu.SayHi();
        //通过索引或者对象删除
        students.RemoveAt(0);
        students.Remove(li);
        foreach (Student su in students)
        {
            su.SayHi();
        }
    }
```

步骤4 按【Ctrl+F5】键运行程序，效果参见图 11-2。

项目总结

　　项目十一分为两个任务，介绍了泛型的相关知识。任务一中介绍了泛型的基本概念，泛型类和泛型方法的使用；任务二介绍了泛型集合。读者在学完本项目内容后，应重点掌握以下知识：

➢ 泛型的概念以及泛型类和泛型方法的应用。

➢ 泛型集合的应用。

项目考核

一、选择题

1. 关于泛型，下面说法不正确的是_____。

   A. 泛型是 C# 2.0 中新增的面向对象编程技术，通过使用泛型，可以将对象的类型作为方法的参数来传递

   B. 使用泛型可以避免值对象频繁的装箱和拆箱操作，提高程序性能

   C. 为提高程序员编写代码的效率，.NET Framework 提供了许多泛型接口和集合类，它们都位于 System.Collection.Generic 命名空间中

   D. 泛型不支持重载技术

2. 泛型集合类位于_____命名空间。

   A. System.Collections.Generic

   B. System.IO

   C. System.Collections.Specialized

3. 分析下面代码，其输出结果为_____。

```
class Program
{
    static void Main(string[] args)
    {   int obj = 2;
        Test<int> test = new Test<int>(obj);
        Console.WriteLine("int:" + test.obj);
        string obj2 = "hello world";
        Test<string> test1 = new Test<string>(obj2);
        Console.WriteLine("String:" + test1.obj);
        Console.Read();
    }
}
class Test<T>
{
    public T obj;
    public Test(T obj)
    {   this.obj = obj;   }
}
```

A. String:hello world　　　　B. 程序有误　　　　C. int:2
int:2　　　　　　　　　　　　　　　　　　　　String:hello world

4.（多选）泛型方法与泛型类的关系，描述正确的是_____。

　　A. 泛型方法只能包含在泛型类中

　　B. 泛型类中出现的方法都是泛型方法

　　C. 泛型方法也可以包含在非泛型类中

　　D. 泛型类中可以使用非泛型方法

二、简答题

简述泛型的优点。

项目实训　设计考勤管理系统

设计一个考勤管理系统，要求实现增加、删除和查询员工信息以及记录员工打卡（签到和签退）时间功能。

要求与提示：

（1）用泛型集合 List<T>绑定 DataGridView。

（2）使用 List 的 Add()方法添加数据。

（3）为确保员工信息的唯一性，需要在添加信息时遍历员工列表，如果有员工 ID 和新增员工的 ID 相同，则提示不可添加。

（4）删除信息时必须提示用户是否确认删除，删除后要刷新 DataGridView 控件中的数据。

（5）每天只能签到一次，签退前必须已经签到，在主窗口中选中某员工信息，单击"打卡记录"按钮即可显示打卡记录。

程序运行效果如图 11-3~11-6 所示。

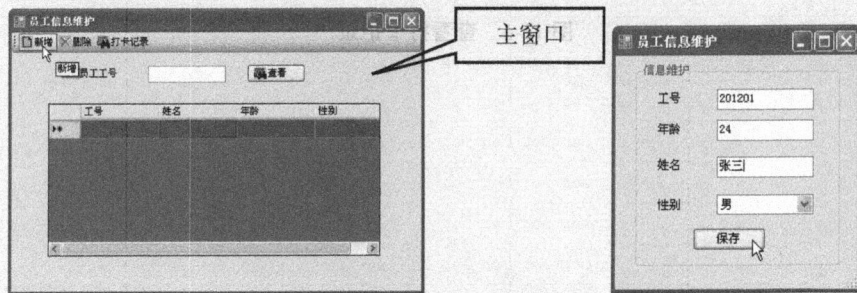

图 11-3　添加员工信息

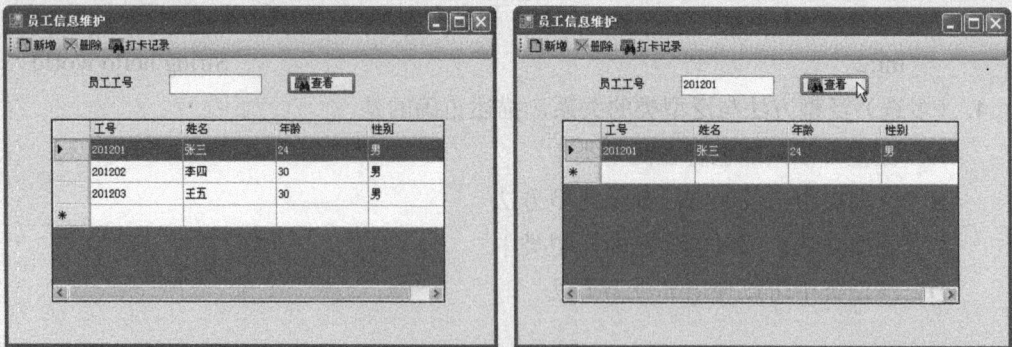

图 11-4 查询员工信息

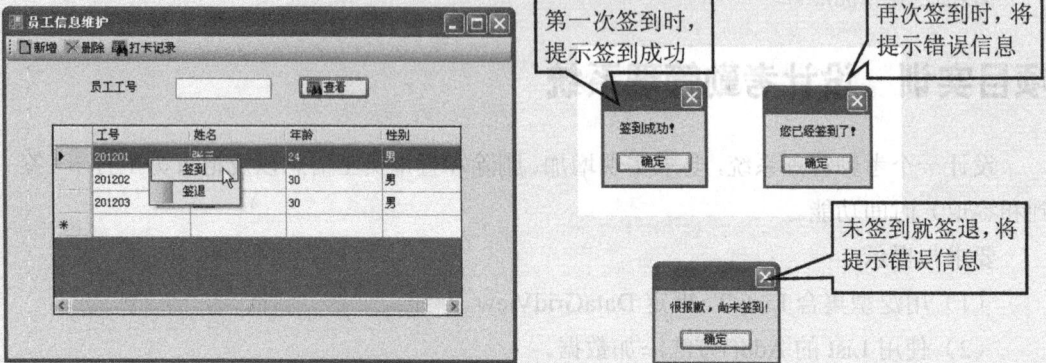

第一次签到时，提示签到成功

再次签到时，将提示错误信息

未签到就签退，将提示错误信息

图 11-5 签到、签退功能演示

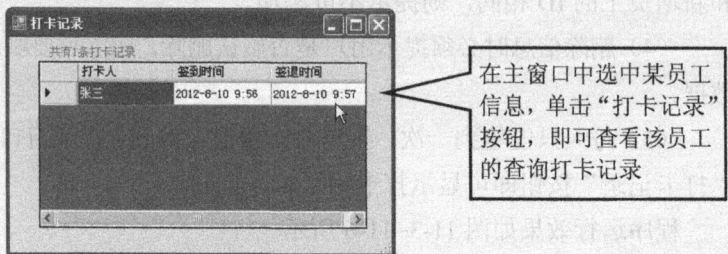

在主窗口中选中某员工信息，单击"打卡记录"按钮，即可查看该员工的查询打卡记录

图 11-6 查看打卡记录

项目十二　数据处理
——使用 ADO.NET 操作数据库

项目导读

　　ADO.NET 是 C# 连接数据库、操作数据库的主要技术。借助 ASP.NET 对象模型，能够查询、增加、删除、修改数据库中的数据。在本项目中我们将通过具体的案例介绍 ADO.NET 对象在 C# 中的应用，使读者能够更加轻松自如地操作数据库数据。

知识目标

- ✎ 了解 ADO.NET 访问数据库的模式。
- ✎ 掌握 Connection 对象的使用方法。
- ✎ 掌握 Command 对象的使用方法。
- ✎ 掌握 DataReader 对象的使用方法。
- ✎ 掌握 DataSet 对象的使用方法。
- ✎ 掌握 DataAdapter 对象的使用方法。

任务一　连接数据库

任务说明

　　在本任务中我们先来了解 ADO.NET 数据模型的结构和连接数据库的方式。

预备知识

一、ADO.NET 基础

　　ADO.NET（ActiveX Data Object for the .NET Framework）是 .NET Framework 提供给 .NET 开发人员的一组类，其功能全面而且灵活，在访问各种不同类型的数据时可以保

持操作的一致性。ADO.NET 由.NET 数据提供程序和 DataSet 两部分构成，其结构如图 12-1 所示。

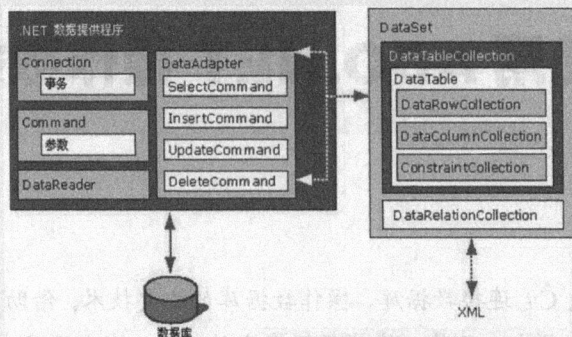

图 12-1 ADO.NET 结构

（1）.NET 数据提供程序（.NET Data Provider）

.NET 数据提供程序根据需要交互的特定数据库系统实现 ADO.NET 所规定的接口。一个.NET 数据提供程序包含 4 个主要组件分别是 Connection 对象、Command 对象、DataReader 对象和 DataAdapter 对象。

（2）数据集（DataSet）

DataSet 是支持 ADO.NET 断开式、分布式数据方案的核心对象。DataSet 相当于内存中暂存的数据库，不仅可以包括多张数据表，还可以包括数据表之间的关系和约束。

Connection 对象、Command 对象、DataReader 对象、DataAdapter 对象和 DataSet 对象的作用如下：

Connection 对象在 ADO.NET 的最底层，用于开启程序和数据库之间的连结。若数据库没有打开，用户无法从数据库中取得数据。

Command 对象用来对数据库发出一些指令操作，例如查询、新增、修改、删除数据、执行数据库中的预存程序等。它架构在 Connection 对象上，即 Command 对象是通过连接到数据源的 Connection 对象来下命令的。

DataReader 对象主要用于读取数据库中的数据。

DataAdapter 对象主要负责在 Command 对象执行完 SQL 语句后生成并填充 DataSet 和 DataTable。

Dataset 对象主要负责存取和更新数据。

这些对象的具体使用方法将在后面的任务中逐一介绍。

二、ADO.NET 常见数据访问方式

目前在 .NET 平台中常用数据提供程序有 SQL Server.NET Framework 数据提供程序、OLE DB.NET Framework 数据提供程序、ODBC.NET Framework 数据提供程序和 Oracle.NET Framework 数据提供程序等。

SQL Server.NET Framework 数据提供程序：提供对 Miscrosoft SQL Server 7.0 版或更高版本的数据访问，使用 System.Data.SqlClient 命名空间。

OLE DB.NET Framework 数据提供程序：适用于使用 OLE DB 公开的数据源（Object Linking and Embedding Database，对象链接和嵌入数据库），使用 System.Data.OleDb 命名空间。

ODBC.NET Framework 数据提供程序：适用于使用 ODBC（Open Database Connectivity，开放数据库互连）公开的数据源，使用 System.Data.Odbc 命名空间。

Oracle.NET Framework 数据提供程序：适用于 Oracle 数据源，使用 System.Data.OracleClient 命名空间。

三、Connection 对象

Connection 对象也称为连接对象，在进行任何与数据库有关的操作之前，首先需要完成创建与目标数据库的连接。

ADO.NET 提供了与各种访问方式对应的 Connection 对象，常用的包括 SqlConnection 对象、OleDbConnection 对象、OdbcConnection 对象和 OracleConnection 对象。使用不同的类型的 Connection 对象时，需要引入相应的命名空间。

SqlConnection 对象用于连接 SQL Server 数据库；OleDbConnection 对象用于连接支持 OLE DB 的数据库，如 Access,MySql；OdbcConnection 对象用于连接任何支持 ODBC 的数据库；OracleConnection 对象用于连接 Oracle 数据库。

这里我们主要介绍连接 Access 数据库和 SQL Server 数据库的方法。

（1）连接 Access 数据库

这里使用 OleDb 方式与 Access 数据库建立连接。在使用 OleDb 方式连接数据库时，首先需要先引入两个命名空间 System.Data（System.Data 命名空间提供对 ADO.NET 中基本对象类的支持）和 System.Data.OleDb。

创建和打开 Access 数据库的连接格式如下：

```
stringconStr=@"provider=microsoft.Jet.OleDb.4.0;datasource=   ;uid=   ;pwd=   ";
OleDbConnection objconn=new OleDbConnection(stringconStr);
objconn.Open();
```

第一句用于创建连接字符串，"Provider=Microsoft.Jet.OleDb.4.0;"是指数据提供者，这里使用的是 Microsoft Jet 引擎，也就是 Access 中的数据引擎，ASP.NET 就是通过它和 Access 的数据库进行连接；"Data Source=   "是指明数据源的存放位置，用于找到对应的 Access 数据库。uid 和 pwd 指数据库的用户名和密码。

第二句用于创建 OleDbConnection 对象，需要传入第一句中的字符串作为参数。

第三句使用 OleDbConnection 对象的 Open 方法打开数据连接。

（2）连接 SQL Server 数据库

连接 SQL Server 数据库时使用 SqlConnection 对象，编写代码时首先要导入 System.Data 和 System.Data.SqlClient 命名空间。

其连接与打开过程与 Access 数据库类似，首先创建连接字符串，然后通过连接字符串生成 SqlConnection 对象，最后通过该对象的 Open 方法打开数据连接。

当 SQL Server 数据库的访问模式为 Windows 和 SQL Server 混合认证时，SqlConnection 对象的连接字符串有以下两种形式：

形式 1：

Data Source=   ;Initial Catalog=   ;User ID=   ;Pwd=   ;

形式 2：

Server=   ; DataBase=   ; User ID=   ; Pwd=   ;

当 SQL Server 数据库的访问模式为 Windows 认证时，需要使用如下形式的连接字符串：

Data Source=   ;Initial Catalog=   ;Integrated Security = True;

各参数说明如下：

① Data Source 和 Server：表示设置需连接数据库服务器的名称。(localhost)表示的是本机，也可以用"."或"127.0.0.1"来代替。如果不是本机，可以写相应服务器的 IP 或服务器名称，如".\\SQL2008"、"192.168.0.1\\ SQL2008"都是有效的数据库服务器名。

② Initial Catalog 和 DataBase：表示所访问数据库的名称。

③ User ID：登录 SQL Server 的账号。

④ Pwd：登录 SQL Server 的密码。

生成 SqlConnection 对象和通过该对象的 Open 方法打开数据连接的语句，读者可参考"连接 Access 数据库"部分，这里不再列出。另外，关闭数据连接时使用相应对象的 Close 方法即可。

任务实施——通过 Connection 对象连接数据库

本案例主要是利用 Connection 对象连接 Access 和 SQL Server 数据库。连接成功或失败后，都能弹出相应提示，如图 12-2 所示。

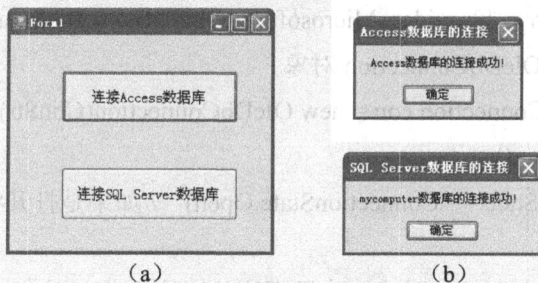

图 12-2 程序运行结果

实施步骤

步骤 1 新建一个 Windows 应用程序，并将其命名为 connection。向 Form1 中添加 2 个 Button 控件，Button1 的 Text 值修改为"连接 Access 数据库"，Button2 的 Text 值修改为"连接 SQL Server 数据库"。效果参见图 12-2a 所示。

步骤 2 将创建好的 Access 数据库文件 myaccess.mdb 拷贝到 connection 文件夹中。

步骤 3 双击"连接 Access 数据库"按钮，在其 click 事件中添加连接 Access 数据库的代码，如下所示：

```
using System.Data;              //提供对 ADO.NET 的基本支持
using System.Data.OleDb;        //用于连接 Access 数据库
using System.Data.SqlClient;    //用于连接 SQL Server 数据库
namespace connection
{
    public partial class Form1 : Form
    {
        public Form1()
        {
            InitializeComponent();
        }
        private void button1_Click(object sender, EventArgs e)
        {
//Access 数据库文件放在本解决方案的 connection 文件夹中，确定其具体位置
            string reportPath = Application.StartupPath.Substring(0,
```

```
                    Application.StartupPath.Substring(0,
                    Application.StartupPath.LastIndexOf("\\")).LastIndexOf("\\"));
        reportPath+=@"\myaccess.mdb";
        //后面的"@"符号是防止将后面字符串中的"\"解析为转义字符.
    string ConStr = "Provider=Microsoft.Jet.OLEDB.4.0;Data source=" + reportPath;
        //创建 OleDbConnection 对象
        OleDbConnection con = new OleDbConnection(ConStr);
        con.Open();
        if (con.State == ConnectionState.Open)   //如果是打开状态，提示成功
        {
        MessageBox.Show("Access 数据库的连接成功!", "Access 数据库的连接");
        }
        else                                      //否则，提示失败
        MessageBox.Show("Access 数据库的连接失败!", "Access 数据库的连接");
        }
    }
}
```

步骤 4　双击"连接 SQL Server 数据库"按钮，在其 click 事件中添加连接代码如下：

```
private void button2_Click(object sender, EventArgs e)
{
    //创建连接数据库的字符串
    string SqlStr = "Server=(local);User Id=sa;Pwd= ;DataBase=mycomputer";
    //设置 SqlConnection 对象连接数据库的字符串
```

> **提示**　读者测试与 SQL Server 数据库关联代码时，首先需要确保本机已安装 SQL Server 2005 及以上版本、SQL Server 服务运行且设置正确；其次还需要附加源代码资料包中的相应数据库并且将程序中的服务器名称、登录名和密码改修改为与本机相同，才能连接成功。

```
    SqlConnection con = new SqlConnection(SqlStr);
    con.Open();                                 //打开数据库的连接
    if (con.State == ConnectionState.Open)      //如果是打开状态，提示成功
    {
```

```
MessageBox.Show("mycomputer 数据库的连接成功!", "SQL Server 数据库的连接");
    }
    else                                              //否则，提示失败
    {
MessageBox.Show("mycomputer 数据库的连接失败!", "SQL Server 数据库的连接");
    }
}
```

步骤5 按【F5】键调试程序，运行结果参见图 12-2。

任务二　操作数据库

任务说明

在本任务中我们以操作 SQL Server 数据库为例来学习操作数据库的 Command 对象、DataReader 对象和 DataAdapter 对象和 DataSet 对象。

预备知识

一、Command 对象

通过 Conncetion 对象打开数据库连接后，就可以通过 Command 对象来执行数据库操作命令，比如查询、添加、删除或更新数据库表中的信息。

> 与 Connection 对类似，ADO.NET 提供了与各种访问方式对应的 Command 对象，如 SqlCommand,OdbcCommand,OleDbCommand 和 OracleCommand，这里我们以 SqlCommand 对象为例进行学习。

使用 Command 构造函数生成 Command 对象实例的语法格式如下：

```
SqlCommand cmd = new SqlCommand(strSql,conn);
```

该构造函数有两个参数，一个是要执行的 SQL 语句，另一个是已经建立的 Connnection 对象。例如，通过 Command 对象来执行一条 SQL 语句显示表中信息，程序代码如下：

```
SqlCommand Comm=new SqlCommand("select * from grade",Conn);
```

> **提示**
>
> 数据库操作命令通过用 SQL 语句来传递，关于 SQL 语句相关知识读者可参照 SQL Server 和数据库相关书籍。

Command 对象提供了很多属性和方法供用户使用，常用属性如表 12-1 所示。

表 12-1　Command 对象的常见属性及说明

属　性	说　明
CommandText	获取或设置要对数据源执行的 SQL 语句或存储过程名
CommandType	获取或设置命令类别，即解析 CommandText 的值类型，可取的值为 StoredProcdure,TableDirect,Text，分别代表存存储过程、数据表名和 SQL 语句
CommandTimeout	获取或设置在终止执行命令的尝试并生成错误之前的等待时间
Connection	获取或设置 SqlCommand 类的此实例使用的 SqlConnection 对象
Parameters	获取与命令对象关联的各参数集合

下面通过一些案例来了解属性的具体使用方法。

（1）CommandText 属性与 CommandType 属性应用

CommandText 属性与 CommandType 属性经常配合使用，前面我们学习过通过双参数的构造函数来创建 Command 对象，这里来看另外一种方式：

```
SqlCommand cmd = new SqlCommand();
cmd.Connection = conn;              // 假设 conn 对象已经生成
cmd.CommandText=strSql;            // 假设 strSql 查询语句已经在前面编写
cmd.CommandType=CommandType.Text;   //表示 strSql 为 SQL 语句
```

（2）CommandTimeout 属性

该属性用于获取或设置 Command 对象的超时时间，单位为 s，时间为 0 表示不限制，默认为 30s。如果在规定的时间内 Command 对象无法执行 SQL 命令，则返回失败。

例如，将 Command 对象的等待时间设置为 2 分钟，程序代码如下：

```
SqlCommand sqlcmd = new SqlCommand();
Sqlcmd.CommandTimeout=120;
```

（3）Parameters 属性

这里我们来看一个例子，将 SqlParameter 对象的一个数组传递给该 CreatSqlCmd 方法，为 SqlCommand 对象的 Parameters 属性赋值。代码如下：

```
public void CreatSqlCmd(SqlCommand sqlcmd, SqlParameter[] paramArray)
{
```

```
        sqlcmd.Parameters.Add(paramArray);              //调用 Add 方法
        for (int i = 0; i < paramArray.Length; i++)     //利用 for 循环完成对数组的赋值
        {
                sqlcmd.Parameters.Add(paramArray[i]);
        }
}
```

Command 对象的常用方法如表 12-2 所示。

表 12-2　Command 对象的常用方法及说明

方　法	说　明
ExecuteNonQuery	用于执行 SQL 语句，并返回 SQL 语句所影响的行数
ExecuteReader	用于执行查询语句，并返回一个 DataReader 类型的行集合
ExecuteScalar	用于执行查询语句，并返回查询所返回结果集中第一行的第一列
Cancel	取消 Command 对象的执行
CreatParameter	创建 SqlParameter 对象的新实例
Dispose	释放由 Component 类占用的资源

下面我们通过一些案例来了解这些方法的具体使用。

（1）ExecuteNonQuery 方法

ExecuteNonQuery 方法一般用于创建数据库结构或执行 update,insert 或 delete 等非查询语句。该方法的返回值是一个整数，代表此命令所影响的行数。

下面来一个执行删除操作的例子，程序代码如下：

```
string connstr="server=Localhost;database=databasename;uid=sa;pwd=";
SqlConnection conn=new SqlConnection(connstr);         //创建连接对象
conn.Open();                                           //打开连接
SqlCommand sqlcmd=new SqlCommand("delete from tablename where id=5", conn);
//创建 Command 对象
sqlcmd.ExecuteNonQuery();                              //调用 ExecuteNonQuery 方法
```

（2）ExecuteReader 方法

ExecuteReader 方法执行 SQL 语句，并生成一个包含数据的 SqlDataReader 对象实例，关于 SqlDataReader 对象的使用将在随后的内容中讲述。

下面我们通过一个例子来了解其使用方法：

```
SqlCommand cmd = new SqlCommand(strSql,conn);
//通过 SqlDataReader 对象接收 ExecutcReader 方法的返回值
SqlDataReader sdr = cmd.ExecuteReader();
while (sdr.Read())
{
    listView1.Items.Add(sdr[1].ToString());
}
```

（3）ExecuteScalar 方法

ExecuteScalar 方法用于只需要查询某一个值的情况下，例如某些网站需要用户登录后才能进行相关的操作，这个时候就可以使用 ExecuteScalar 方法确定登录用户是否为合法用户。相关程序代码如下：

```
sqlcmd.CommandText="select count(*) from login where username='"+strname+"'
                                    and userpwd='"+strpwd+"'";
Int32 count=(Int32)sqlcmd.ExecuteScalar();
If(count>0) MessageBox.show("OK");
```

二、DataReader 对象

DataReader 对象是一个简单的数据集，它只允许以只读、顺向的方式查看其中所存储的数据，常用于检索大量数据。

与 Connection 对类似，与不同类型的数据库连接需要使用不同的 DataReader 类型，如下：

① 在 System.Data.SqlClient 命名空间下，可以调用 SqlDataReader 类。

② 在 System.Data.Odbc 命名空间下，可以调用 OdbcDataReader 类。

③ 在 System.Data.OleDb 命名空间下，可以调用 OleDbDataReader 类。

④ 在 System.Data.OracleClient 命名空间下，可以调用 OracleDataReader 类。

这里我们仍然以 SqlDataReader 对象为例来学习 DataReader 对象的用法。

DataReader 对象不能直接实例化，需借助 Command 对象来创建实例。例如前面学过用 SqlCommand 实例的 ExecuteReader()方法可以创建 SqlDataReader 实例。

由于 DataReader 对象以独占方式与数据库进行交互，所以每次打开一个新对象，必须关闭前一个旧的 DataReader 对象，否则，会产生异常。

DataReader 对象常用属性如表 12-3 所示。

表 12-3 DataReader 对象常用属性及说明

属 性	说 明
HasRows	该属性用来表示 DataReader 是否包含数据
IsClosed	该属性用来表示 DataReader 对象是否关闭

　　DataReader 对象的 Read()方法用于读取数据，每执行一次该语句，DataReader 对象就向前读取一行数据，如果遇到数据末尾，就返回 false，否则，返回 true。

　　DataReader 类有一个索引符，第一列的字段为 0，第二列的字段为 1，以此类推，用户可以使用常见的数组语法访问任何字段。

　　下面通过一段代码来了解 DataReader 对象的使用方法：

```
private void DataReaderExp()
{
        //创建连接对象
        SqlConnection sqlconn = new SqlConnection();
        //创建数据库连接字符串
        sqlconn.ConnectionString = "server=.;database=mycomputer;uid=sa;pwd=;";
        sqlconn.Open();                              //打开数据库
        //创建命令对象
        SqlCommand cmd = new SqlCommand("select * from computer", sqlconn);
        SqlDataReader sqldr = cmd.ExecuteReader();   //创建 SqlDataReader 对象 sqldr
        if (sqldr.HasRows)                           //判断是否包含数据
        {
            while (sqldr.Read())                     //直到最后一条记录才停止读取
            {
                MessageBox.Show(sqldr[0].ToString());//循环显示第一列的数据
            }
        }
        sqldr.Close();                               //关闭数据库
}
```

　　在使用完 DataReader 对象读取完数据之后应该立即调用它的 Close()方法关闭，并且还应该关闭与之相关的 Connection 对象。在 .NET 类库中提供了一种方法，在关闭 DataReader 对象的同时自动关闭掉与之相关的 Connection 对象，代码如下：

```
SqlDataReader reader=command.ExecuteReader(CommandBehavior.CloseConnection);
```

三、DataSet 对象

DataSet 数据集是 ADO.NET 断开式、分布式结构的核心组件，其结构和关系型数据库类似，包含数据表、数据列、数据行、视图、约束以及关系等属性，就像存放于内存中的小型数据库，因此它能够实现独立于任何数据源的数据访问。

DataSet 数据集的基本结构如图 12-3 所示。数据集中可以包括多个 DataTable，DataTable 中又可以包括多个 DataRow,DataColumn,Constraint 对象，分别存放数据表的行信息、列信息及约束信息，可通过 DataRow,DataColumn 来查看、操作其中的数据，如需将操作结果返回给数据库的话，可以通过 DataAdapter 提供的数据源更新方法重新写回数据库。

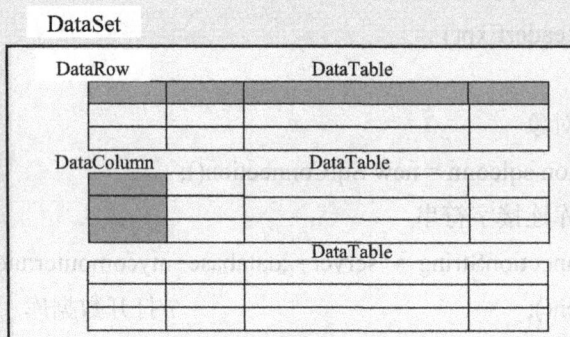

图 12-3 DataSet 数据集结构

DataSet 常用属性如表 12-4 所示。

表 12-4 DataSet 常用属性及说明

属 性	说 明
DataSetName	获取或设置当前 DataSet 的名称
HasErrors	获取一个值，指示在此 DataSet 中的任何 DataTable 对象中是否存在错误
Relations	获取用于将表链接起来并允许从父表浏览到子表的关系的集合
Tables	获取包含在 DataSet 中的表的集合

下面介绍几个常用属性的使用方法。

（1）DataSetName 属性

该属性用于获取或设置当前 DataSet 的名称。其使用方法如下代码所示：

```
DataSet dataset = new DataSet("computer");
```

```
MessageBox.Show(dataset.DataSetName);
```

（2）Tables 属性

获取包含在 DataSet 中的表的集合，例如，通过 DataSet 对象的 Tables 属性数据集中所有数据表名称显示给用户，程序代码如下：

```
private void ShowTableName(DataSet ds)
{
    foreach (DataTable tabe in ds.Tables)
    {
        string str = tabe.TableName;
        MessageBox.Show(str);
    }
}
```

DataSet 对象常用方法及说明如表 12-5 所示。

表 12-5　DataSet 常用方法及说明

属　　性	说　　明
AcceptChanges	提交自加载此 DataSet 或上次调用 AcceptChanges 以来对其进行的所有更改
Clear	清除所有表数据，但不清除表结构
Clone	复制 DataSet 的结构，包括所有 DataTable 架构、关系和约束，但不复制任何数据
Copy	复制该 DataSet 的结构和数据
Dispose	释放由 MarshalByValueComponent 使用的所有资源
Equals	确定指定的 Object 是否等于当前的 Object
GetType	获取当前实例的 Type
HasChanges	判断当前数据集是否发生了更改，更改的内容包括添加行、修改行或删除行
RejectChanges	撤销数据集中所有的更改
Reset	将 DataSet 重置为其初始状态，即清除表数据和表结构

下面我们来看一个例子：

```
public DataTable ds()
{
SqlDataAdapter PelAdapter = new SqlDataAdapter("SELECT * FROM t_People", Conn);
    //实例 SqlDataAdapter 对象连接到 SQL Server
```

```
SqlDataAdapter ClstAdapter = new SqlDataAdapter("SELECT * FROM t_Class", Conn);
    //实例 SqlDataAdapter 对象连接到 SQL Server
    DataSet DS = new DataSet();
    //实例化 DataSet 数据集
    PelAdapter.Fill(DS, "t_People");
    ClstAdapter.Fill(DS, "t_Class");
    //通过 SqlDataAdapter 对象的 fill 方法添充 DataSet 数据集
    DataRelation relation = DS.Relations.Add("t_People",
DS.Tables["t_People"].Columns["tb_PID"],DS.Tables["t_Class"].Columns["tb_PID"]);
    //实例化关系将 t_People 表与 t_Class 表通过 tb_PID 字段关连起来
    DataTable dt = new DataTable("NewTable");
    //实例化一个新的 DataTable 对象，用于存放查询结果
    DataColumn dcPName = new DataColumn();
    dcPName.DataType = System.Type.GetType("System.String");
    dcPName.AllowDBNull = true;
    dcPName.ColumnName = "姓名";
    //实例化 DataColumn 对象，并为其指定相应属性，例如，DataType,ColumnName
    dt.Columns.Add(dcPName);
    //将 DataColumn 对象添加到 DataTable 中
    dt.Columns.Add("性别", typeof(String));
    DataColumn dcCClase = new DataColumn();
    dcCClase.DataType = System.Type.GetType("System.String");
    dcCClase.AllowDBNull = true;
    dcCClase.ColumnName = "班级";
    dt.Columns.Add(dcCClase);
    DataColumn dcCNum = new DataColumn();
    dcCNum.DataType = System.Type.GetType("System.Int32");
    dcCNum.AllowDBNull = true;
    dcCNum.ColumnName = "人数";
    dt.Columns.Add(dcCNum);
    DataRow row;
    //声名一个 DataRow 对象
    foreach (DataRow pRow in DS.Tables["t_People"].Rows)
    {
```

```
        row = dt.NewRow();
        //通过 DataTabel 对象的 NewRow 方法生成 DataRow 对象
        row["姓名"] = pRow["tb_PName"].ToString().Trim();
        //去掉左右空格否则会出现空格
        row["性别"] = pRow["tb_PSex"].ToString();
        foreach (DataRow cRow in pRow.GetChildRows(relation))
        {
            row["班级"] = cRow["tb_CClase"].ToString();
            row["人数"] = cRow["tb_CNum"].ToString();
            //为新行添加信息
        }
        dt.Rows.Add(row);
        //把行信息添加到 DataTable 对象中
    }
}
```

四、DataAdapter 对象

在前面学习的 DataSet 应用的例子中，我们已经使用过 DataAdapter 对象，它是 DataSet 和数据源之间的桥接器，其功能如图 12-4 所示，它就像一辆货车一样运送仓库 "数据库" 和临时仓库 "数据集" 之间的数据信息。因此，DataAdapter 对象的工作一般 有两种，一是通过 Command 对象执行 SQL 语句，将获得的结果集填充到 DataSet 对象 中；二是将 DataSet 里更新数据的结果返回到数据库中。

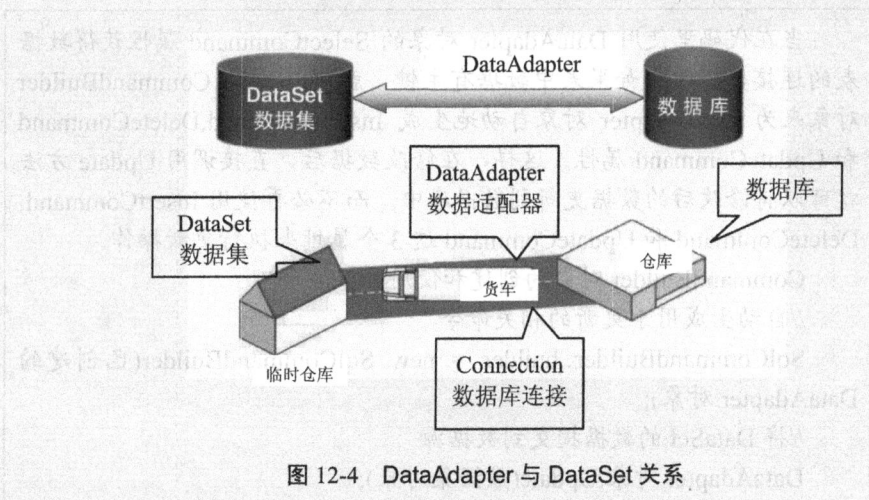

图 12-4 DataAdapter 与 DataSet 关系

> 提示
>
> 与 Connection 对象类似，在不同命名空间下，有针对不同数据访问方式的 DataAdapter 对象。

（一）DataAdapter 对象的常用属性

DataAdapter 对象的常用属性形式为×××Command，用于读取、添加、更新和删除数据源中的记录，如表 12-6 所示。

表 12-6　SqlDataAdapter 常用属性及说明

属　性	说　明
SelectCommand	用来从数据库中检索数据
InsertCommand	用来向数据库中插入数据
DeleteCommand	用来删除数据库中的数据
UpdateCommand	用来更新数据库中的数据

例如，以下代码用于给 DataAdapter 对象的 selectCommand 属性赋值。

```
SqlConnection conn;
//创建 DataAdapter 对象
SqlDataAdapter da = new SqlDataAdapter;
//给 DataAdapter 对象的 SelectCommand 属性赋值
Da.SelectCommand = new SqlCommand("select * from computer", conn);
```

可以使用同样的方式给 InsertCommand,DeleteCommand 和 UpdateCommand 属性赋值。

> 提示
>
> 当在代码里使用 DataAdapter 对象的 SelectCommand 属性获得数据表的连接数据时，如果表中数据有主键，就可以使用 CommandBuilder 对象来为 DataAdapter 对象自动地生成 InsertCommand,DeleteCommand 和 UpdateCommand 属性。这样，在修改数据后，直接调用 Update 方法就可以将修改后的数据更新到数据库中。而不必再使用 InsertCommand, DeleteCommand 和 UpdateCommand 这 3 个属性来执行更新操作。
>
> CommandBuilder 对象的创建和使用如下：
>
> //自动生成用于更新的相关命令
>
> SqlCommandBuilder builder = new SqlCommandBuilder(已创建的 DataAdapter 对象);
>
> //将 DataSet 的数据提交到数据源
>
> DataAdapter 对象.Update(数据集对象);

（二）DataAdapter 对象的常用方法

DataAdapter 对象常用方法有构造函数、Fill 方法和 Update 方法。

（1）构造函数

不同类型的 Provider 使用不同的构造函数来完成 DataAdapter 对象的构造。对于 SqlDataAdapter 类，其常见的构造函数如下所示：

① SqlDataAdapter()：不带参数，创建 SqlDataAdapter 对象；

② SqlDataAdapter（SqlCommand selectCommand）：用参数 selectCommand 设置其 Select Command 属性；

③ SqlDataAdapter（string selectCommandText,SqlConnection selectConnection）：用参数 selectCommandText 设置其 Select Command 属性值，并设置其连接对象是 selectConnection；

④ SqlDataAdapter（string selectCommandText,String selectConnectionString）：将参数 selectCommandText 设置为 Select Command 属性值，其连接字符串是 selectConnectionString。

（2）Fill 方法

Fill 方法用来填充或刷新 DataSet，返回值为影响 DataSet 的行数。常用的两种方式如下：

① int Fill(DataSet dataset)：根据匹配的数据源，添加或更新参数所指定的 DataSet；

② int Fill(DataSet dataset,string srcTable)：根据 dataTable 名填充 DataSet。

对于同一个 DataSet 数据集，如果只涉及一张表的操作时，fill(DataSet)方法简洁便利。但如果涉及多张表的操作时，建议使用 fill(DataSet,DataTable)方法，在多张表之间切换，数据定位准确、简单。

下面我们通过案例来熟悉这两种方法的使用。

首先使用第一个构造函数，以下是代码片段：

```
DataSet ds = new DataSet();
SqlDataAdapter mda1 = new SqlDataAdapter("select user_id from users where ...",conn);
SqlDataAdapter mda2 = new SqlDataAdapter("select key_id from base_info where ...", conn);
mda1.fill(ds);
mda2.fill(ds);
```

对同一个对象 DataSet，当我们多次执行 fill(DataSet)时，每次的查询结果都会填充到默认表"table0"中，后面的查询结果中，如果列名相同，就会和之前的列合并，如果不同，则在"table0"表中追加该列。对于查询的数据记录行的处理，和列的处理相同。

此时 ds 的结构如下：

```
ds.Tables[0].Rows[0]["user_id"].ToString()=1,ds.Tables[0].Rows[0]["key_id"].ToString()=null;
```

ds.Tables[0].Rows[1]["user_id"].ToString()=null,ds.Tables[0].Rows[1]["key_id"].ToString()=1;

这样的存储结构不利于操作 DataSet 数据集的数据，因为有些 select 语句的执行结果是未知的，要精确定位到"table0"中的列很困难，这样 DataSet 数据集的操作也就非常不方便了。

下面使用第二个构造函数，代码片段如下：

```
DataSet ds = new DataSet();
SqlDataAdapter mda1 = new SqlDataAdapter("select user_id from users where ...", conn);
SqlDataAdapter mda2 = new SqlDataAdapter("select key_id from base_info where ...", conn);
mda1.fill(ds, "users");
mda2.fill(ds, "base_info");
```

此时 ds 的结构是这样的：

```
ds.Tables["users"].Rows[0]["user_id"].ToString()=1;
ds.Tables["base_info"].Rows[0]["key_id"].ToString()=1;
```

对同一个对象 DataSet 多次执行 fill(DataSet,TableName)时，只要 DataTable 不一样，每次的查询结果就会填充到指定的表名"TableName"中，这样不同的表的查询结果放到不同的表中，非常便于我们对查询结果进行定位并处理。

（3）Update 方法

Update 方法的格式为

DataAdapter 对象. Update(数据集对象);

当程序调用 Update 方法时，DataAdapter 将检查参数 DataSet 每一行的 RowState 属性，根据 RowState 属性来检查 DataSet 里的每行是否改变和改变的类型，并依次执行所需的 INSERT,UPDATE 或 DELETE 语句，将改变提交到数据库中。这个方法返回影响 DataSet 的行数。更准确地说，Update 方法会将更改解析回数据源，但自上次填充 DataSet 以来，其他客户端可能已修改了数据源中的数据。

> 数据已经填充到 DataSet 中了，那么如何在窗体中显示呢，这时就用到 DataGridView 控件 ▣DataGridView ，该控件位于"工具箱"→"所有 Windows 窗体"栏中。
>
> 将此控件拖动到窗体中后，只需要将数据源 DataSet 绑定到 DataGridView 控件即可，代码如下：
> DataGridView1.DataSource = ds;
> DataGridView1.DataMember = "表名";
> 若数据源 DataSet 中只有一个表可直接使用以下语句：
> DataGridView1.DataSource = ds.Tables[0].DefaultView;

任务实施一——查询电脑品牌信息

利用 SqlDataAdapter 对象查询 mycomputer 数据库中 computer 表的信息，若查询成功，则会在 DataGridView 控件中显示数据表中的信息。运行效果如图 12-5 所示。

图 12-5 查询电脑品牌信息

实施步骤

步骤 1 新建一个 Windows 窗体应用程序，并将其命名为 select，向 Form1 中添加 1 个 Button 控件、1 个 Label 控件、1 个 DataGridView 控件。修改 button1 的 Text 值为 "查询"，label1 的 Text 值为 "品牌电脑信息查询"，Form1 的 Text 值为 "查询电脑信息"。

步骤 2 在后台代码中导入命名空间 System.Data.SqlClient，然后双击 button1 按钮，在其 click 事件中添加相关代码，如下所示：

```
private void button1_Click(object sender, EventArgs e)
{
    SqlConnection conn = new SqlConnection();
    conn.ConnectionString = "Server=.;uid=sa;pwd=;database=mycomputer";
    conn.Open();                //打开数据库连接
    //使用 SqlCommand 提交查询命令
    SqlCommand cmd = new SqlCommand("select * from computer", conn);
    //获取数据适配器
    SqlDataAdapter da = new SqlDataAdapter();
    da.SelectCommand = cmd;
    //填充 DataSet
    DataSet ds = new DataSet();
    da.Fill(ds);
    //绑定 DataSet 数据
```

```
    dataGridView1.DataSource = ds.Tables[0].DefaultView;
    //断开连接
    conn.Close();
}
```

步骤3　按【F5】键调试程序，运行效果参见图 12-5。

在应用程序中，对于一些过期或者错误的数据，用户需要进行删除操作。下面将通过一个具体的实例讲解如何利用 SqlCommand 类的 CommandText 方法与 ExecuteNoneQuery 方法实现删除数据表中数据的功能。

任务实施二——通过 SqlCommand 添加电脑品牌信息

本任务实现通过 SqlCommand 向数据库添加电脑品牌信息功能，程序运行界面如图 12-6 所示。使用 SQL 语言的 INSERT 语句向数据表中添加新记录时，要注意添加的数据要满足数据表的设计，即在执行前必须保证数据类型一一对应且不允许为空的字段一定要添加数据。

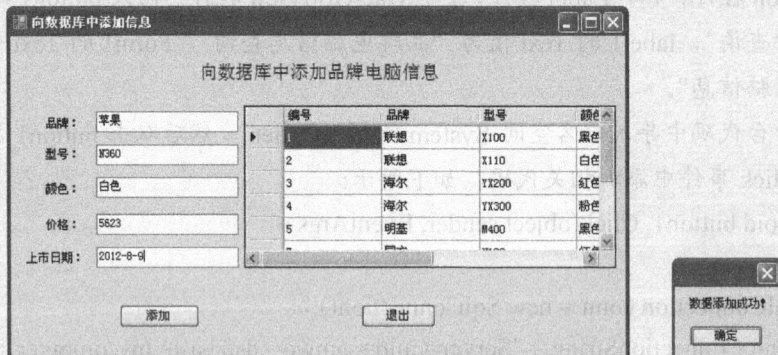

图 12-6　通过 SqlCommand 对象向数据库添加数据

实施步骤

步骤1　新建一个 Windows 窗体应用程序，并将其命名为 insert，向 Form1 中添加 2 个 Button 控件、5 个 Label 控件、1 个 DataGridView 控件、5 个 TextBox 控件。修改 button1 的 Text 值为"删除"，button2 的 Text 值为"退出"，label1~label6 的 Text 值为分别为"品牌:"、"型号:"、"颜色:"、"价格"、"上市日期"、"向数据库中添加品牌电脑信息"，Form1 的 Text 值为"向数据库中添加信息"。

步骤2　在后台代码中导入命名空间 System.Data.SqlClient，然后创建一个方法用于在程序加载时显示数据表中的信息，详细代码如下：

```
private void showinf()    //创建该方法用于在程序加载时显示数据表中的信息
{
        using (SqlConnection con = new
                    SqlConnection("server=.;pwd=;uid=sa;database=mycomputer"))
        {
            DataTable dt=new DataTable();
            SqlDataAdapter da = new SqlDataAdapter("select * from computer", con);
            da.Fill(dt);
            this.dataGridView1.DataSource = dt.DefaultView;//绑定数据
        }
}
```

步骤3 双击 button1 在其 click 事件中添加相关代码，如下所示：

```
private void button1_Click(object sender, EventArgs e)
{
        try
        {
            //实例 SqlConnection 对象打开数据库连接
            SqlConnection conn = new SqlConnection();
            conn.ConnectionString = "Server=.;uid=sa;pwd=;database=mycomputer";
            conn.Open();
            string SqlIns = "insert into computer values('" + textBox1.Text + "','" +
        textBox2.Text + "','" + textBox3.Text + "','" + Convert.ToInt32(textBox4.Text) +
                    "','" + Convert.ToDateTime(textBox5.Text) + "')";
            //创建 SqlCommand 对象实例
            SqlCommand command = new SqlCommand();
            command.CommandText = SqlIns;          //设置 SQL 语句
            command.Connection = conn;             //调用打开数据库连接方法
            command.ExecuteNonQuery();             //执行添加数据
            MessageBox.Show("数据添加成功！");
            //创建 SqlDataAdapter 对象实例
    SqlDataAdapter AdapterSelect = new SqlDataAdapter("select * from computer", conn);
            //创建 DataTable 对象实例
            DataTable dt = new DataTable();
            AdapterSelect.Fill(dt);
```

```
            //填充控件
                dataGridView1.DataSource = dt.DefaultView;
        }
        catch (Exception ee)
        {
                MessageBox.Show(ee.Message.ToString());
        }
    }
```

步骤 4　在 Form1 的 Load 事件中添加如下代码：

```
    private void Form1_Load(object sender, EventArgs e)
    {
        showinf();                          //调用方法用于绑定数据
    }
```

步骤 5　双击"退出"按钮，为其单击事件添加如下代码：

```
    private void button2_Click(object sender, EventArgs e)
    {
        Application.Exit();                 //退出应用程序
    }
```

步骤 6　按【F5】键调试程序，其运行效果参见图 12-6。

　　向数据库中添加数据过程中，经常会有数据录入错误的现象发生，此时就要求程序不但要有很好的录入功能，还要具有修改数据的功能。下面我们将通过具体的实例讲解如何修改数据库中的数据。

项目总结

　　项目十二分为两个任务，介绍了使用 ADO.NET 操作数据库的相关知识。任务一中介绍了 ADO.NET 的基本构成、ADO.NET 常见数据访问方式和 Connection 对象。任务二介绍了 Command 对象、DataReader 对象和 DataAdapter 对象和 DataSet 对象以及使用 ADO.NET 技术对数据库进行增、删、改、查的方法。读者在学完本项目内容后，应重点掌握以下知识：

> ➢ Connection 对象、Command 对象、DataReader 对象、DataAdapter 对象和 DataSet 对象的作用和基本使用方法。
> ➢ 实现数据库数据增、删、改、查的方法。

项目考核

一、选择题

1. （多选）Command 对象 cmd 被用来执行 SQL 语句：insert into Customers values(1000, "tom")向数据源中插入新记录。那么，语句 cmd.ExecuteNonQuery( );的返回值可能为_____。

    A. 0　　　　　　　B. 1　　　　　　　C. 1000　　　　　　　D. "tom"

2. 在 ADO.NET 中，执行数据库的某个存储过程，则至少需要创建_____并设置它们的属性。

    A. 一个 Connection 对象和一个 Command 对象

    B. 一个 Connection 对象和 DataSet 对象

    C. 一个 Command 对象和一个 DataSet 对象

    D. 一个 Command 对象和一个 DataAdapter 对象

3. 在 ADO.NET 中，为访问 DataTable 对象从数据源提取的数据行。可使用 DataTable 对象的_____属性。

    A. Rows　　　　　　B. Columns　　　　　C. Constraints　　　　　D. DataSet

4. 为了在程序中使用 DataSet 类定义数据集对象，应在文件开始处添加对命名空间_____的引用。

    A. System.IO　　　　　　　　　　B. System.Utils

    C. System.Data　　　　　　　　　D. System.DataBase

5. dataTable 是某数据集中的数据表对象，有9条记录。执行 dataTable.Rows[9].Delete();代码后，dataTable 中还有_____条记录。

    A. 9　　　　　　　B. 8　　　　　　　C. 1　　　　　　　D. 0

6. 在 ADO.NET 中，为了确保 DataAdapter 对象能够正确地将数据从数据源填充到 DataSet 中，则必须事先设置好 DataAdapter 对象的下列哪个 Command 属性_____。

    A. DeleteCommand　　　　　　　　B. UpdateCommand

    C. InsertCommand　　　　　　　　D. SelectCommand

二、简答题

1. 简述 ADO.NET 的结构和数据访问方式。

2. 以向 DataSet 数据集中填充数据为例，讲述 DataSet,DataAdapter 对象和 Connection 对象的关系。

项目实训　设计图书管理系统

设计一个 Windows 应用程序完成对图书信息的增删改查操作，程序运行效果如 12-7~12-9 所示。

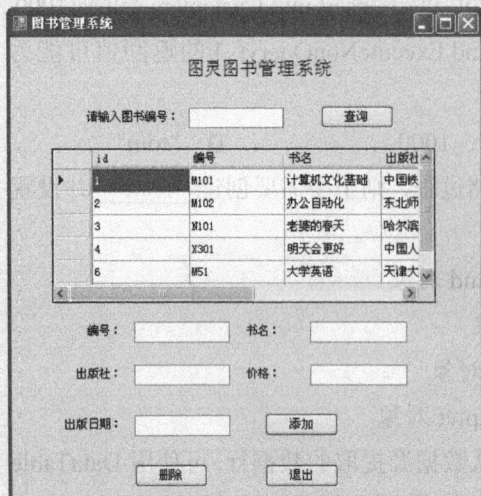

图 12-7（a）　程序运行主界面　　　　　　　图 12-7（b）　查询功能演示

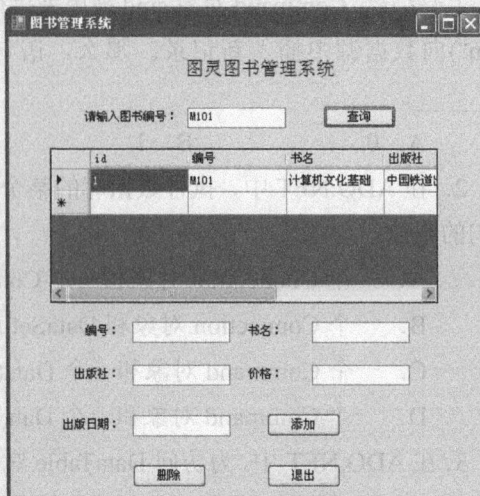

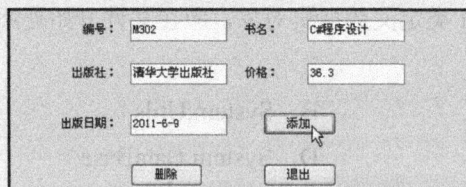

图 12-8　添加功能演示

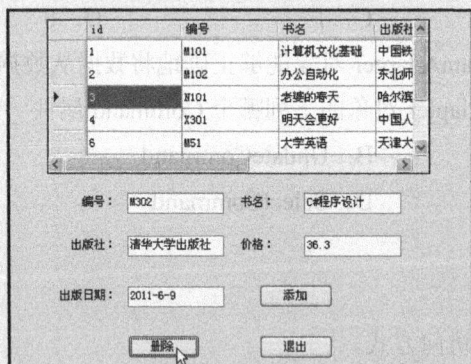

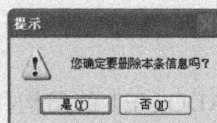

图 12-9　删除功能演示

项目十三　打包程序

——快速部署 C# 应用程序的最佳方法

项目导读

　　在 C# 中设计完成一个应用程序后，若想将这个应用程序放到其他没有安装 Visual Studio 软件的机器中使用，通常的方法就是对应用程序进行打包。通过打包文件，用户可以快速地部署应用程序。

　　　　打包是将应用程序中的所有文件组合到安装文件中，部署是将应用程序安装或分发到客户计算机上。

知识目标

　　✈　掌握打包程序的方法。
　　✈　掌握将特定文件安装到指定文件夹中的方法。
　　✈　掌握打包注册表信息的方法。

任务一　打包简单的应用程序

任务说明

　　在本任务中我们先来学习如何打包应用程序。

预备知识

　　在 Visual Studio 2008 中创建部署项目有两种方法：一种是创建为独立的解决方案；另一种是在将要打包的应用程序解决方案中创建安装项目。

　　本任务选择第二种方法，它的优点在于不必逐一添加将要打包的文件，部署项目会自动识别打包文件，并且自动添加改动后的文件。

　　Visual Studio 2008 已经将打包功能进行了很好的封装，读者不需要去详细地了解打包工作在 Visual Studio 2008 内部是如何进行的, 只需要掌握其操作过程就足够了。

任务实施——打包教师考核成绩评定应用程序

将教师考核成绩评定应用程序进行打包。

实施步骤

步骤 1 打开教师考核等级评定应用程序 teacher。右击解决方案 "teacher", 如图 13-1 所示在弹出的快捷菜单中单击 "添加" → "新建项目" 选项。在打开的 "添加新项目" 对话框左窗格中展开 "其他项目类型" 结点, 单击 "安装和部署" 选项, 然后在右窗格中选择 "安装项目" 选项, 并在对话框下方的名称框中输入安装文件的名字 "setup", 然后单击 "确定" 按钮。

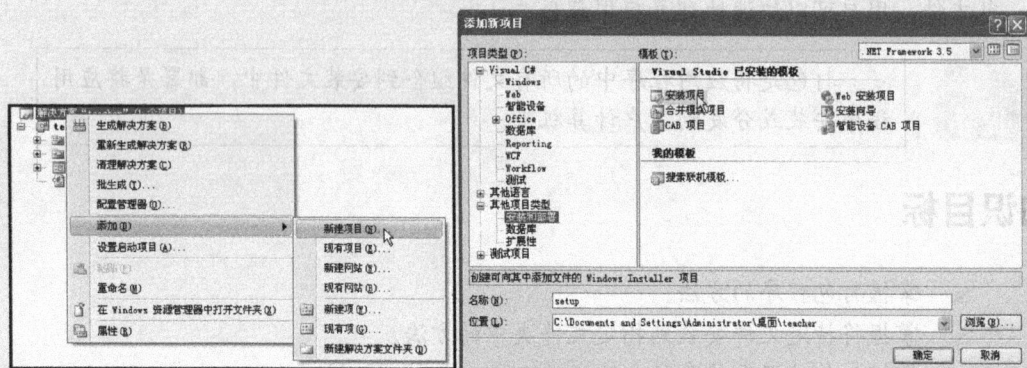

图 13-1 添加新项目

步骤 2 添加安装项目后, 系统会自动打开 "文件系统" 选项卡, 如图 13-2 所示。用户也可以在解决方法资源管理器中, 右击 "setup" 选项, 在弹出的菜单中单击 "视图" → "文件系统" 选项, 进入 "文件系统" 设计环境 (也称 "文件系统" 设计器), 如图 13-3 所示。

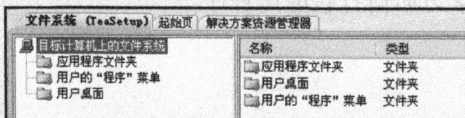

图 13-2 "文件系统" 选项卡

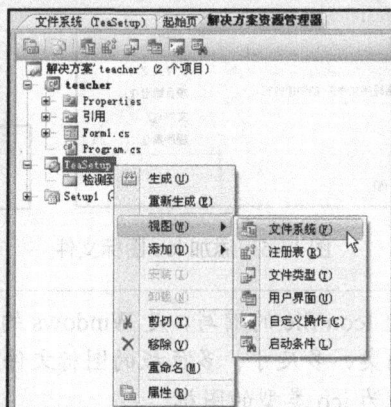

图 13-3 进入 "文件系统" 视图

> "文件系统"选项卡中各文件夹的作用。
> 应用程序文件夹: 将要安装的目标位置包含的文件;
> 用户的 "程序" 菜单: 在目标机器的 "程序" 菜单中所包含的内容;
> 用户桌面: 在目标机器的 "桌面" 上添加的内容。

步骤3 右击 "文件系统" 设计器的 "应用程序文件夹" 选项, 如图 13-4a 所示在弹出的快捷菜单中单击 "添加" → "项目输出" 选项。接着在打开的 "添加项目输出组" 对话框中选择 "主输出" 选项, 如图 13-4b 所示, 单击 "确定" 按钮后即完成 "主输出" 项目的添加。此时, 在 "文件系统" 设计器的 "应用程序文件夹" 中已经包含新建的文件, 如图 13-4c 所示。

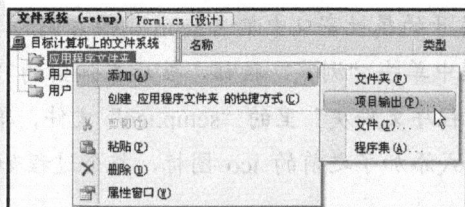

（a）

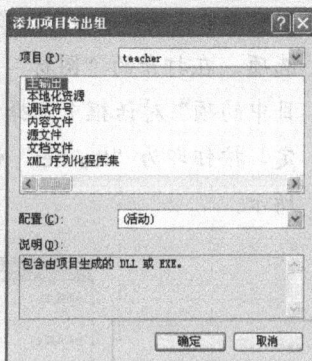

（b）

（c）

图 13-4 添加主输出

步骤4 下面添加图标文件到应用程序文件夹: 右击 "应用程序文件夹", 在弹出的快捷菜单中单击 "添加" → "文件" 选项, 然后在弹出的 "添加文件" 对话框中选择一个 ico 类型的图标, 将其添加到 "setup" 项目中, 如图 13-5 所示。

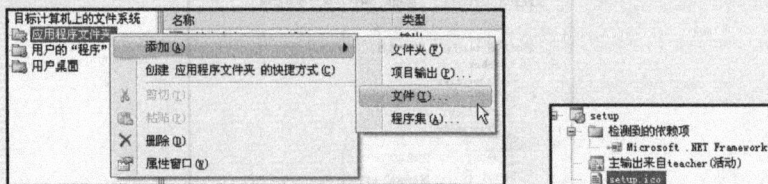

图 13-5　添加 ico 图标文件

> **提示**
>
> 【ico】是 Icon file 的缩写，是 Windows 的图标文件格式的一种，可以存储单个图案、多尺寸、多色板的图标文件。目前有很多工具可以将普通图片处理为 ico 类型的图标。

步骤 5　为"应用程序文件夹"添加快捷方式：右击"应用程序文件夹"中的"主输出来自 teacher（活动）"选项，在弹出的快捷菜单中执行"创建主输出来自 teacher（活动）的快捷方式"命令，然后将新建的快捷方式文件命名为"teacher"，如图 13-6 所示。

图 13-6　为"应用程序文件夹"添加快捷方式

步骤 6　下面为"teacher"快捷方式创建图标：右击 teacher 快捷方式，在弹出的快捷菜单中单击"属性窗口"选项，在打开的属性窗口中单击 Icon 属性右侧的"浏览"选项，在打开的"图标"对话框中单击"浏览"按钮，然后在弹出的"选择项目中的项"对话框中选择"应用程序文件夹"里的"setup.ico"文件，单击"确定"按钮即为"teacher"快捷方式添加了之前的 ico 图标，整个过程如图 13-7 所示。

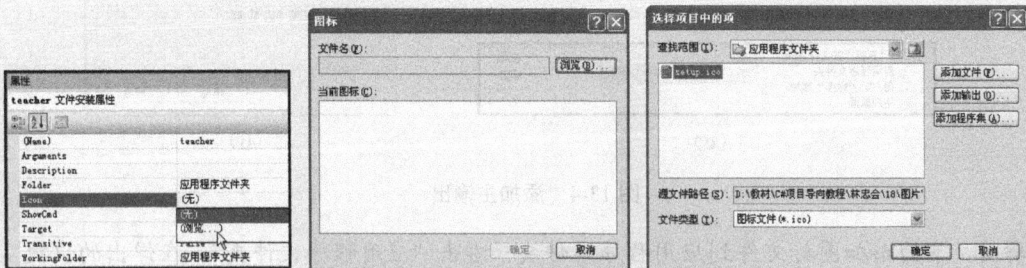

图 13-7　为"teacher"快捷方式添加图标

步骤 7 按照【步骤 5】和【步骤 6】的方法为"用户的'程序'菜单"和"用户桌面"添加快捷方式，并将它们都命名为"teacher"。

步骤 8 右击"Setup"项目，参见图 13-3，在弹出的快捷菜单中选择"生成"命令，教师考核成绩评定应用程序就被打包了。

步骤 9 在被打包应用程序文件夹中找到刚刚生成的 Setup 文件夹，然后在其下的 Debug 文件夹中找到 Setup.exe 文件，如图 13-8 所示。双击该文件图标安装 teacher 软件，跟随安装向导提示进行安装操作，如图 13-9 所示安装完毕后单击"关闭"按钮即可。

图 13-8 找到安装文件   图 13-9 软件安装完成

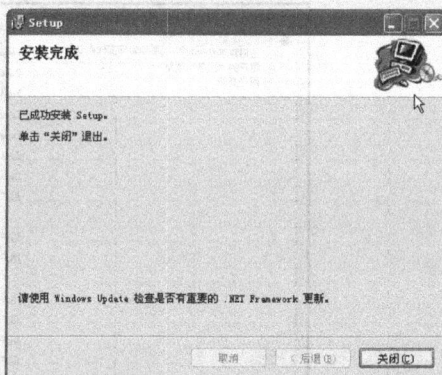

步骤 10 此时我们可以从桌面和程序菜单中找到"teacher"的快捷方式，如图 13-10 所示，双击此图标即能打开使用该软件。

图 13-10 "teacher"软件的快捷方式

任务二 将特定文件安装到指定文件夹中

任务说明

大多数读者应该都有这样的经历，当安装某个软件时除了必须安装的文件外，还有一些特殊文件被安装到了文件目录里。例如在安装 QQ 聊天软件的时候，系统会自动在安装目录下安装该软件的自述文件。在本任务中我们就来学习如何实现将特定文件安装到指定文件夹中。

预备知识

在前面的学习中我们知道，在默认情况下，"文件系统"编辑器中只显示一组标准文件夹，除此之外，开发人员可添加其他文件夹到部署项目中。

（1）添加自定义文件夹

在"文件系统编辑器"的文件夹列表中，右击"目标计算机上的文件系统"节点，在弹出的菜单上单击"添加特殊文件夹"选项，在其子目录中选择不同的文件夹选项，如图 13-11 所示。各子选项中特殊文件夹的含义，如表 13-11 所示。

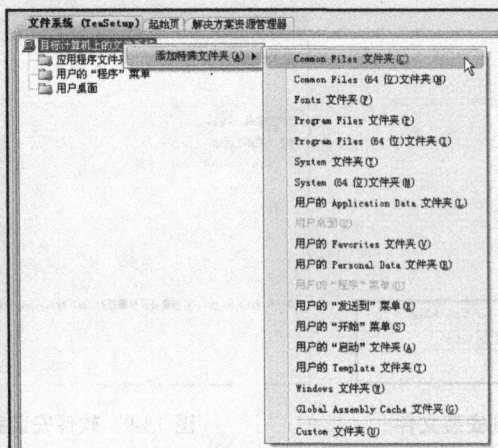

图 13-11　添加特殊文件夹

表 13-1　特殊文件夹的含义

文件夹名称	含　义
Common Files 文件夹	跨应用程序共享的组件的文件夹
Common Files(64 位)文件夹	与"Common Files 文件夹"相同，但是适用于 64 位安装程序
Fonts 文件夹	包含字体的虚拟文件夹
Program Files 文件夹	程序文件的根节点
Program Files(64 位)文件夹	与"Program Files 文件夹"相同，但是适用于 64 位安装程序
System 文件夹	指系统文件夹 system32
System(64 位)文件夹	与"System 文件夹"相同，但是适用于 64 位安装程序
用户的 Application Data 文件夹	针对每位用户，用作应用程序特定数据的储备库的文件夹

续表 13-1

文件夹名称	含 义
用户桌面	针对每位用户，包含在桌面上出现的文件和文件夹的文件夹
用户的 Favorites 文件夹	作为用户喜爱的项的储备库的文件夹
用户的 Personal Data 文件夹	作为每位用户的文档储备库的文件夹
用户的"程序"菜单	包含用户的程序组的文件夹
用户的"发送到"菜单	包含用户的"发送到"菜单项的文件夹
用户的"开始"菜单	包含用户的"开始"菜单项的文件夹
用户的"启动"文件夹	包含用户的"启动"菜单项的文件夹
用户的"Template"文件夹	针对每位用户，包含文档模板的文件夹
Windows 文件夹	Windows 或系统根目录
Globle Assembly Cache 文件夹	用于存放一些有很多程序都要用到的公共 Assembly 的文件夹
Custom 文件夹	用户自定义的文件夹

（2）添加子文件夹

在"文件系统编辑器"文件夹列表中，右击顶端文件夹，在弹出的菜单上单击"添加"→"文件夹"选项，新建立的文件夹将顶端文件夹子级列表中，然后对其进行重命名即可，如图 13-12 所示。

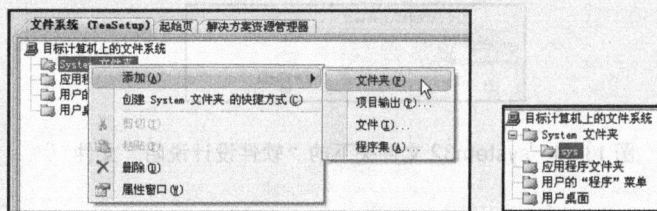

图 13-12 添加子文件夹

任务实施——将"软件设计说明"文本文件随安装程序自动安装到系统盘下

本任务主要完成的工作是将程序中的"软件设计说明.txt"文件随程序的安装自动安装到系统盘下的"system32"文件夹中。

实施步骤

步骤1 打开任务一的源程序，打开"文件系统"设计器，右击"目标计算机上的文件系统"选项，在弹出的快捷菜单中单击"添加特殊文件夹"→"System 文件夹"选项，参见图 13-11。

步骤2 右击已添加的 System 文件夹，参见图 13-12，在弹出的快捷菜单中单击"添加"→"文件"选项，在打开的"添加文件"对话框中选择要添加的文件，然后单击"打开"按钮，即完成操作，如图 13-13 所示。

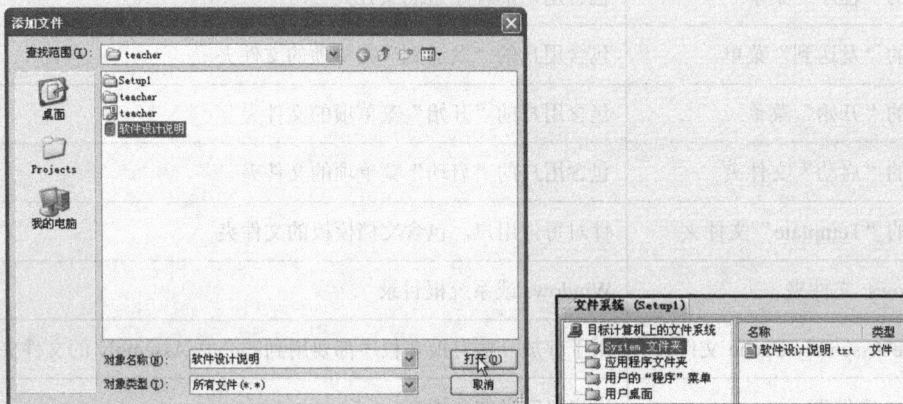

图 13-13　添加软件设计说明文件

步骤3 右击"Setup"项目，在弹出的快捷菜单中单击"生成"选项，完成打包。

步骤4 找到本应用程序的 Setup.exe 文件，然后安装程序，安装完成后在本地计算机的 system32 文件夹下可以找到"软件设计说明.txt"文件，如图 13-14 所示。

图 13-14　system32 文件夹下的"软件设计说明"文件

任务三　打包注册表信息

任务说明

注册表是 Microsoft Windows 操作系统中的一个重要的数据库，用于存储系统和应用程序的设置信息。用户在打包 C# 应用程序时，可以将注册表信息随应用程序一起进行打包，从而使系统实现某些特殊的功能或记录应用程序的相关信息。本任务中我们就来学习如何打包注册表信息。

预备知识

单击 windows 的"开始"→"运行"菜单命令，在弹出的对话框中输入"regedit"，按【Enter】键就可以通过注册表编辑器看到本机的注册表信息，如图 13-15 所示。

图 13-15 注册表编辑器

注册表是 Microsoft Windows 操作系统中的一个重要的数据库，用于存储系统和应用程序的设置信息。当一个用户准备运行一个应用程序，注册表提供应用程序信息给操作系统，这样应用程序可以被正确找到，其他设置也都可以被使用。

注册表逻辑结构中由根键、子键、键值项以及键值组成，它们按照分组的方式来管理和组织的。

根键：注册表中最底层的键，类似于磁盘上的根目录。

子键：子键位于根键下又可以嵌套其他子键中，在注册表的六大根键中，有若干的子键，而每个子键中又可以嵌套成千上万的子键。

键值项与键值：在每个根键和子键下，可以有若干键值。

如图 13-15 所示，在注册表编辑器中可以看到 5 个根键（适用于 WindowsNT/2000/XP 操作系统）。各根键的作用如下。

（1）HKEY_CLASS_ROOT

该根键记录 Windows 操作系统中所有数据文件的格式和关联信息，主要记录不同文件的文件名后缀和与之对应的应用程序。其下子键可分为两类：一类是已经注册的各类文件的扩展名，这类子键前面都带有一个"."；另一类是各类文件类型有关信息。

（2）HKEY_CURRENT_USER

该根键包含当前登录用户的用户配置文件信息，这些信息保证不同的用户登录计算机时，使用自己的修改化设置，例如自己定义的墙纸、自己的收件箱、自己的安全访问权限等。

（3）HKEY_LOCAL_MACHINE

该根键包含了当前计算机的配置信息，如所安装的硬件以软件设置。这些信息是为所有的用户登录系统服务的，它是注册表中最庞大、也最重要的根键。

（4）HKEY_USERS

该根键包括默认用户的信息（DEFAULT 子键）和所有以前登陆用户的信息。

（5）HKEY_CURRENT_CONFIG

该根键实际上是HKDY_LOCAL_MACHINE/CONFIG/0001 分支下的数据完全一样。

另外，还有一个隐藏的根键 HKEY_PERFOR_MANCE_DATA。它是隐藏的键，用户可以通过专门的程序（如性能监视器）来查看此键。它包含了系统中所有的动态信息。

在设计软件时，很多人会将软件信息写入注册表，这么做的作用是什么呢？我们通过一个形象地比喻来进行理解：

如果把电脑比喻成公司，软件就是一个个职员，注册表信息就好像入职时提交的身份材料，如果这些信息不存在，员工虽然也能工作，就像丢失注册表的软件，平时看不出来有什么区别，但是一旦员工犯错误了，如同软件运行出错了，公司连员工姓名都不知道就很麻烦了，所以将软件信息写入注册表是很重要的。

任务实施——将注册表信息打包到教师考核评定系统中

实施步骤

步骤1 打开任务二的源程序，右击在"Setup"项目，在弹出的快捷菜单中单击"视图"→"注册表"选项，打开注册表编辑器，如图 13-16 所示。

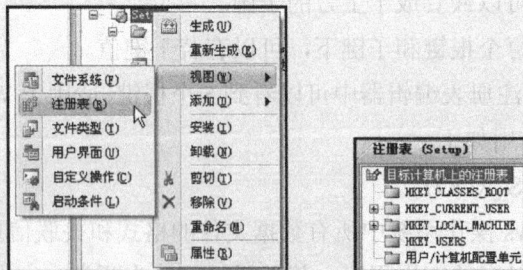

图 13-16 打开 VS 中的注册表编辑器

步骤2 在"注册表"编辑器中展开结点"HKEY_CURRENT_USER",右击其下的"SoftWare"项,在弹出的快捷菜单中执行"新建"→"键"命令,将新添加的项命名为"user",如图 13-17 所示。

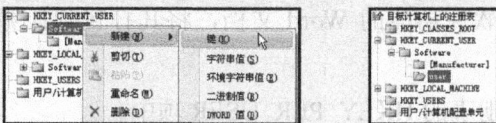

图 13-17　添加注册表新项

步骤3 按照同样的方法在"user"下面添加一个新项"注册表打包",然后在其上右击鼠标,在弹出的快捷菜单中执行"新建"→"字符串值"命令。添加字符串值的名字为"teacher",值为"123",如图 13-18 所示。

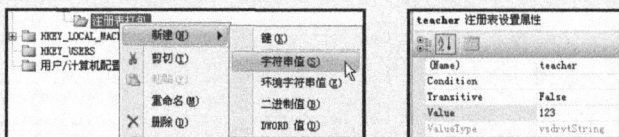

图 13-18　添加字符串值

步骤4 右击"Setup"项目,在弹出的快捷菜单中选择"重新生成"命令生成新的应用程序,然后找到 Setup.exe 文件安装该软件,安装成功后可以在注册表中找到刚刚添加的项和字符串值。

项目总结

项目十三分为三个任务,介绍了对软件进行打包发行的方法。读者在学完本项目内容后,应重点掌握以下知识:

> 　打包 Windows 应用程序的步骤。
> 　将特定文件安装到指定文件夹中。
> 　注册表的作用及打包方法。

项目考核

简述打包应用程序的步骤。

项目实训　打包图像处理软件

将项目十四资料包中的图像处理软件打包，要求如下：

（1）编写一个描述软件功能的 Word 文档，将其打包到计算机的 System32 文件夹中。

（2）将信息打包注册表的 HKEY_PER_USER 项中。

将打包后的软件安装到其他计算机中，测试是否打包成功。

项目十四 综合实践
——设计简单的图像处理软件

项目导读

　　随着计算机技术的发展，图片的应用越来越广泛，图片处理技术也越来越强大，例如，美国 Adobe 公司出品的 Photoshop 软件具有非常强大的图片处理功能，广泛用于修饰和处理摄影、绘画作品。在本项目中我们通过 C# 技术开发设计一款相对简单的图像处理软件，除基本的打开保存图片功能外，还可以实现预览与打印、设为桌面背景以及滤镜、动画和水印特效。

知识目标

　　 熟悉设计中小型软件的开发过程。
　　 理解图像处理软件中各功能的实现代码。

任务一 建立图片处理软件的主窗体

任务说明

　　在本任务中我们先来建立图片处理软件的主窗体，并实现图片的打开、保存、设置桌面背景、打印图片、退出软件等基础功能。

任务实施

一、设计图片处理软件主窗体

实施步骤

步骤 1 启动 Visual Studio 2008，新建一个 Windows 窗体应用程序，设置解决方案名称为"简单的图片处理软件"。将 Form1 重新命名为 main，设置其 Text 属性为"图片管理软件"。

步骤2 打开工具箱，向主窗体中添加下拉菜单控件 MenuStrip（位于"所有 Windows 窗体"栏），按图 14-1 所示设置菜单命令。

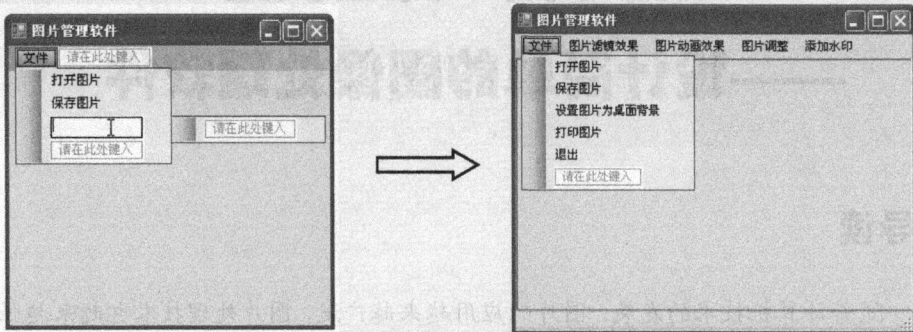

图 14-1 设置主窗体菜单

步骤3 向主窗体中添加一个状态栏控件 StatusStrip（位于"所有 Windows 窗体"栏），设置其"Text"属性为空。如图 14-2a 所示，单击该控件右侧的黑色小三角，在弹出的下拉菜单中单击 StatusLabel 选项，此时就添加了 1 个状态栏标签，其默认名称为 toolStripStatusLabel1，如图 14-2b 所示。接着设置其"Text"属性为空，"Spring"属性为 True，如图 14-2c 所示。

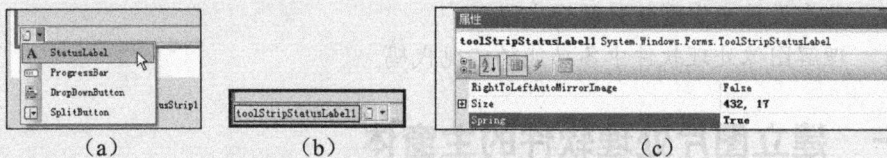

图 14-2 状态栏控件

> **提示**　"Spring"属性为 True 表示在调整窗体大小时，ToolStripStatusLabel 将自动填充 StatusStrip 上的可用空间。

步骤4 向主窗体中添加一个图片框控件 PictureBox（位于"所有 Windows 窗体"栏），如图 14-3 所示拖放其大小至合适位置，然后设置其"SizeMode"属性为"StretchImage"、"BorderStyle"属性设置为"Fixed3D"、"Dock"属性为"Fill"。

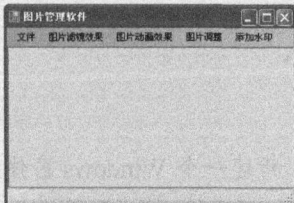

图 14-3 图片框控件

> SizeMode 属性指示如何显示图像，值 StretchImage 会使图像拉伸或收缩，以便适合 PictureBox；BorderStyle 属性指示控件的边框样式，值 Fixed3D 指示三维边框；Dock 属性用于获取或设置控件边框停靠到其父控件并确定控件如何随其父级一起调整大小，值 Fill 表示控件的各个边缘分别停靠在其包含控件的各个边缘，并且适当调整大小。

二、完成打开图片的功能

下面实现打开图片功能，实现此功能需要使用 OpenFileDialog 控件，显示文件选择模式对话框。该控件常用属性如表 14-1 所示。

表 14-1　OpenFileDialog 控件常用属性

属性名	含　义
InitialDirectory	用来设置对话框的初始目录，如果不能指定，则显示为当前目录
Filter	用来设置对话框的文件类型
FilterIndex	在对话框中选择的文件筛选器的索引，如果选第一项就设为 1
RestoreDirectory	控制对话框在关闭之前是否恢复当前目录
FileName	用来设置打开对话框的默认文件名
Title	用来设置对话框的标题
AddExtension	是否自动添加默认扩展名
Multiselect	如果该属性为 True，则打开对话框允许同时打开多个文件，如果为 False 则一次只能打开一个文件
DefaultExt	用来设置对话框默认的文件扩展名

该控件还有一个常用方法 ShowDialog()，用于打开文件选择模式对话框。

实施步骤

步骤 1　在窗体中添加一个打开文件对话框控件 <kbd>OpenFileDialog</kbd>，然后双击主窗体，进入代码视图添加公用变量，具体代码如下：

```
//定义公共变量
public Bitmap image1;            //定义公用 Bitmap 对象
public string FPath;             //打开图片的路径及名称
public string PictureWidth;      //图片的宽度
public string Pictureheight;     //图片的高度
```

步骤2 在 main.cs 主窗体中选择"文件"→"打开图片"命令，然后双击鼠标进入该菜单的单击事件，添加代码如下：

```
private void 打开图片ToolStripMenuItem_Click(object sender, EventArgs e)
{
    openFileDialog1.Filter="*.jpg,*.jpeg,*.bmp,*.gif,*.ico,*.png,*.tif,*.wmf|*.jpg;
    *.jpeg;*.bmp;*.gif;*.ico;*.pn;*.tif;*.wmf";         //设置打开图像的类型
    openFileDialog1.ShowDialog();                        //打开对话框
    FPath = openFileDialog1.FileName;
    pictureBox1.Image = Image.FromFile(FPath);          //显示打开图片
    image1 = new Bitmap(FPath);
    PictureWidth = image1.Width.ToString();             //图片宽度
    Pictureheight = image1.Height.ToString();           //图片高度
    toolStripStatusLabel1.Text = "图片名为： " + FPath + " 宽度： " +
            PictureWidth +"高度： " + Pictureheight;     //状态栏提示信息
}
```

步骤3 保存所做更改，按【F5】键调试程序。在主窗口中单击"文件"→"打开图片"选项，将弹出如图 14-4 所示的"打开"对话框。选择要打开的图片后单击"打开"按钮，在主窗体中就可以显示该图片，且在状态栏中会显示该图像的路径、文件名、宽度和高度等信息，如图 14-5 所示。

图 14-4　打开图片对话框　　　　　　　　　图 14-5　显示图片

三、完成保存图片功能

下面我们来完成保存图片功能，要想完成该功能，需要使用 SaveFileDialog 控件，它可以轻松实现图片的保存和转换图片格式的功能。实现该功能的具体步骤如下：

步骤1 在主窗体中添加一个保存文件对话框控件 `SaveFileDialog`，然后双击窗体，进入代码视图，导入 System.Drawing.Imaging 命名空间（为调用 ImageFormat 对象做准备）。

步骤2 在主窗体界面双击"文件"→"保存图片"选项，进入代码视图，向该菜单的
单击事件中添加如下代码：

```
private void 保存图片ToolStripMenuItem_Click(object sender, EventArgs e)
{
    try
    {
    saveFileDialog1.Filter ="BMP|*.bmp|JPEG|*.jpeg|GIF|*.gif|PNG|*.png|TIF|*.tif';
        //设置保存文件的格式
        if (saveFileDialog1.ShowDialog() == DialogResult.OK)
        {
            string picPath = saveFileDialog1.FileName;    //保存文件的路径及文件名
            string picType = picPath.Substring(picPath.LastIndexOf(".") + 1,
                                (picPath.Length - picPath.LastIndexOf(".") - 1));
            switch (picType)              //利用 switch 条件语句实现图片类型的转换
            {
                case "bmp":
                    Bitmap ph = new Bitmap(FPath);
                    ph.Save(picPath, ImageFormat.Bmp); break;
                case "jpeg":
                    Bitmap ph1 = new Bitmap(FPath);
                    ph1.Save(picPath, ImageFormat.Jpeg); break;
                case "gif ":
                    Bitmap ph2 = new Bitmap(FPath);
                    ph2.Save(picPath, ImageFormat.Gif); break;
                case "png":
                    Bitmap ph3 = new Bitmap(FPath);
                    ph3.Save(picPath, ImageFormat.Png); break;
                case"tif ":
                    Bitmap ph4 = new Bitmap(FPath);
                    ph4.Save(picPath, ImageFormat.Tiff); break;
            }
        }
    }
```

```
            catch (Exception ex)
            {
                MessageBox.Show(ex.Message, "提示", MessageBoxButtons.OK,
                                        MessageBoxIcon.Information);
            }
    }
```

步骤 3　保存所做更改，按【F5】键调试程序。在主窗口中单击"文件"→"打开图片"命令，打开一张图片，然后单击"文件"→"保存图片"命令，在弹出的"另存为"对话框中填写文件名和文件类型后，单击"保存"按钮即可，如图 14-6 所示。

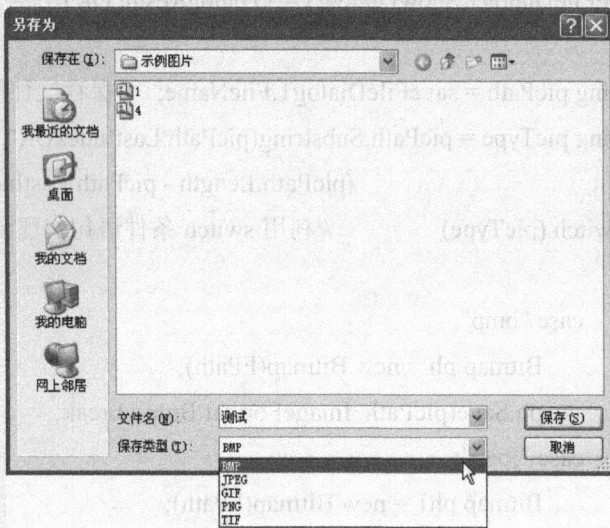

图 14-6　另存为对话框

四、完成设置图片为桌面背景功能

下面我们来实现设置图片为桌面背景功能，实现此功能需要使用 API 函数 SystemParametersInfo，具体实现步骤如下。

步骤 1　在使用 API 函数之前，需要先声明 API 函数，代码如下：

```
//声明 API 函数
[DllImport("user32.dll", EntryPoint = "SystemParametersInfoA")]
static extern Int32 SystemParametersInfo(Int32 uAction,Int32 uParam,string lpvparam,Int32 fuwinIni);
```

> [DllImport("user32.dll", EntryPoint = "SystemParametersInfoA")]语句表示引入动态链接库 user32.dll，在这个动态链接库里面包含了很多 WindowsAPI 函数，如果想使用这面的函数，就需要先引入。
>
> 参数 EntryPoint = "SystemParametersInfoA"表示 user32.dll 里有一个叫 SystemParametersInfoA 的 API 调用。在程序中我们想为此函数换一个名称，就需要添加 EntryPoint 的参数，以指示函数入口。然后再声明函数时使用我们希望的新名称即可，例如 SystemParametersInfo。

在使用 API 函数 SystemParametersInfo 时，还要导入 System.Runtime.InteropServices 命名空间（它用于提供相应的类或者方法来支持托管/非托管模块间的互相调用），具体代码如下：

```
using System.Runtime.InteropServices;
```

步骤 2　在利用 API 函数 SystemParametersInfo 设置图片为桌面背景时,首先判断图片的格式是否为"*.bmp"，如果是则直接把该图片设置为桌面背景；如果不是，则要把图片格式转换为 bmp 格式。在转换图片格式时，用到 FileInfo 对象，在前面的学习中我们已经知道要使用该对象，需要导入 System.IO 命名空间，代码如下：

```
using System.IO;
```

步骤 3　选择主窗体界面，双击"文件" → "设置图片为桌面背景"命令，向该菜单的单击事件中添加代码，如下所示：

```
private void 设置桌面背景 ToolStripMenuItem_Click(object sender, EventArgs e)
{
    //获取指定图片的扩展名
    string SFileType = FPath.Substring(FPath.LastIndexOf(".") + 1,
                                (FPath.Length - FPath.LastIndexOf(".") - 1));
    //将扩展名转换成小写
    SFileType = SFileType.ToLower();
    //获取文件名
    string SFileName = FPath.Substring(FPath.LastIndexOf("\\") + 1,
                        (FPath.LastIndexOf(".") - FPath.LastIndexOf("\\") - 1));
    //如果图片的类型是 bmp，则调用 API 中的方法将其设置为桌面背景
    if (SFileType == "bmp")
    {
        SystemParametersInfo(20, 0, FPath, 1);
    }
```

```
else     //否则要将其格式转为 bmp 格式
{
        string SystemPath = Environment.SystemDirectory;      //获取系统路径
        string path = SystemPath + "\\" + SFileName + ".bmp";
        FileInfo fi = new FileInfo(path);
        if (fi.Exists)
        {
            fi.Delete();
            PictureBox pb = new PictureBox();
            pb.Image = Image.FromFile(FPath);
            pb.Image.Save(SystemPath + "\\" + SFileName + ".bmp",ImageFormat.Bmp);
        }
        else
        {
            PictureBox pb = new PictureBox();
            pb.Image = Image.FromFile(FPath);
            pb.Image.Save(SystemPath + "\\" + SFileName + ".bmp",ImageFormat.Bmp);
        }
        SystemParametersInfo(20, 0, path, 1);
    }
}
```

步骤 4 保存所做更改，按【F5】键调试程序，在主窗口中打开一幅图片，然后单击"文件"→"设置图片为桌面背景"选项，此时我们可以看到桌面的背景已设置为刚刚打开的图片。

五、完成打印图片功能

下面实现打印图片的功能，要实现此功能需要在窗体中添加文档打印控件 `📄 PrintDocument`。同时为了让用户在打印图片之前能查看打印效果，还需要向窗体中添加一个打印预览对话框控件 `📄 PrintPreviewDialog`。完成打印图片功能的整个步骤如下。

步骤 1 在主窗体中添加一个打印文档控件和一个打印预览对话框控件。

步骤 2 双击主窗口中"文件"→"打印图片"选项，进入代码视图，向该菜单的单击事件中添加代码，如下所示:

```
private void 打印图片ToolStripMenuItem_Click(object sender, EventArgs e)
```

```
    {
        printPreviewDialog1.Document = printDocument1;
        printPreviewDialog1.ShowDialog();
    }
```

步骤3　双击打印文档控件,进入代码视图添加该控件的 PrintPage 事件代码,如下所示:

```
private void printDocument1_PrintPage
                    (object sender,System.Drawing.Printing.PrintPageEventArgs e)
{
    //打印纸张的宽度和高度
    int printWidth = printDocument1.DefaultPageSettings.PaperSize.Width;
    int printHeight = printDocument1.DefaultPageSettings.PaperSize.Height;
    if (Convert.ToInt32(PictureWidth) <= printWidth)
    {
        //如果图片的宽度小于等于纸张的宽度, 则显示在中间
        float x = (printWidth - Convert.ToInt32(PictureWidth)) / 2;
        float y = (printHeight - Convert.ToInt32(Pictureheight)) / 2;
        e.Graphics.DrawImage(Image.FromFile(FPath), x, y,
                Convert.ToInt32(PictureWidth), Convert.ToInt32(Pictureheight));
    }
    else
    {   //如果图片的宽度大小纸张的宽度
        if (Convert.ToInt32(PictureWidth) > Convert.ToInt32(Pictureheight))
        {
            Bitmap bitmap = (Bitmap)Bitmap.FromFile(FPath);
            bitmap.RotateFlip(RotateFlipType.Rotate90FlipXY); //旋转 90 度显示
            PictureBox pb = new PictureBox();
            pb.Image = bitmap;
            Single a = printWidth / Convert.ToSingle(Pictureheight);
            e.Graphics.DrawImage(pb.Image, 0, 0, Convert.ToSingle(Pictureheight) * a,
                                Convert.ToSingle(PictureWidth) * a);
        }
        else
        {
            Single a = printWidth / Convert.ToSingle(PictureWidth);
```

```
    e.Graphics.DrawImage(Image.FromFile(FPath), 0, 0,
    Convert.ToSingle(PictureWidth) * a, Convert.ToSingle(Pictureheight) * a);
    }
        }
    }
```

步骤 4 按【F5】键调试程序，在主窗口中打开一张图片，然后单击"文件"→"打印图片"选项，此时就可以看到该图片的打印预览效果了，如图 14-7 所示。然后单击工具栏中的打印按钮 🖨 即可打印图片。

图 14-7 图片打印预览效果

六、完成退出应用程序功能

实现这个功能比较简单，在主窗口中双击"文件"→"退出"选项，进入代码视图，添加如下代码：

```
private void 退出 ToolStripMenuItem_Click(object sender, EventArgs e)
{
    this.Close();
}
```

任务二　添加图片滤镜效果

任务说明

在 Photoshop 图像处理软件中使用的滤镜，可以实现图像的各种特殊效果，在本任务中我们就来利用 C# 的 Bitmap 对象和 GDI+技术在任务一基础上添加滤镜处理功能，实现简单的图片处理效果，例如：纹理效果、浮雕效果、雾化效果等。

任务实施

一、添加图片滤镜效果的子菜单

参照任务一"设计图片处理软件主窗体"中的方法，在主窗体中单击"图片滤镜效果"菜单，为其添加"纹理滤镜"、"浮雕滤镜"、"积木滤镜"、"雾化滤镜"、"锐化滤镜"、"黑白滤镜"子菜单选项，如图 14-8 所示。

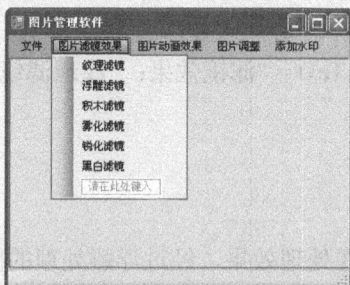

图 14-8　添加图片滤镜效果子菜单

二、添加纹理滤镜

纹理是一种常见的图像处理技术，用该技术处理过的图像会呈现一些比较有规律的波纹，不同的算法可以实现不同的纹理效果，下面列举一种方法实现纹理。

双击"图片滤镜效果"→"纹理滤镜"选项，进入代码视图，添加该菜单的单击事件代码，如下所示：

```
private void 纹理滤镜 ToolStripMenuItem_Click(object sender, EventArgs e)
{
    Image myImage = System.Drawing.Image.FromFile(openFileDialog1.FileName);
    Bitmap MyBitmap = new Bitmap(myImage);
    Rectangle rect = new Rectangle(0, 0, MyBitmap.Width, MyBitmap.Height);
    //将指定图像锁定到内存中
    System.Drawing.Imaging.BitmapData bmpData = MyBitmap.LockBits(rect,
        System.Drawing.Imaging.ImageLockMode.ReadWrite, MyBitmap.PixelFormat);
    //获得图像中第一个像素数据的地址
    IntPtr ptr = bmpData.Scan0;
    int bytes = MyBitmap.Width * MyBitmap.Height * 3;
    byte[] rgbValues = new byte[bytes];
    //使用 RGB 值为声明的 rgbValues 数组赋值
```

```
System.Runtime.InteropServices.Marshal.Copy(ptr, rgbValues, 0, bytes);
for (int counter = 0; counter < rgbValues.Length; counter += 3)
    rgbValues[counter] = 125;
//使用 RGB 值为图像的像素点着色
System.Runtime.InteropServices.Marshal.Copy(rgbValues, 0, ptr, bytes);
//从内存中解锁图像
MyBitmap.UnlockBits(bmpData);
this.pictureBox1.Image = MyBitmap;
toolStripStatusLabel2.Text = "滤镜效果：  纹理滤镜效果";
}
```

三、添加浮雕滤镜

浮雕效果是一种特殊的图像处理效果，经过浮雕处理的图像会呈现一种立体感，类似刻画在石碑上的效果。下面我们来实现浮雕滤镜效果。

步骤1 双击"图片滤镜效果"→"浮雕滤镜"选项，进入代码视图，添加该菜单的单击事件代码，如下所示：

```
private void 浮雕滤镜 ToolStripMenuItem_Click(object sender, EventArgs e)
{
    Image myImage = System.Drawing.Image.FromFile(openFileDialog1.FileName);
    Bitmap myBitmap = new Bitmap(myImage);              //创建 Bitmap 对象实例
    for (int i = 0; i < myBitmap.Width - 1; i++)
    {
        for (int j = 0; j < myBitmap.Height - 1; j++)
        {
            Color Color1 = myBitmap.GetPixel(i, j);
            //调用 GetPixel 方法获取像素点的颜色
            Color Color2 = myBitmap.GetPixel(i + 1, j + 1);
            int red = Math.Abs(Color1.R - Color2.R + 128);
            //调用绝对值 Abs 函数
            int green = Math.Abs(Color1.G - Color2.G + 128);
            int blue = Math.Abs(Color1.B - Color2.B + 128);
            //颜色处理
            if (red > 255) red = 255;
```

```
            if (red < 0) red = 0;
            if (green > 255) green = 255;
            if (green < 0) green = 0;
            if (blue > 255) blue = 255;
            if (blue < 0) blue = 0;
            myBitmap.SetPixel(i, j, Color.FromArgb(red, green, blue));
                //用 SetPixel()方法设置像素点的颜色
        }
    }
    this.pictureBox1.Image = myBitmap;
    toolStripStatusLabel2.Text = "滤镜效果：浮雕滤镜效果";
}
```

步骤 2　按【F5】键调试程序，在主窗口中打开一幅图片，然后单击菜单栏"图片滤镜效果"→"浮雕滤镜"选项，即可看到图片的滤镜效果，如图 14-9 所示。

图 14-9　选择浮雕滤镜后效果

四、添加积木滤镜

通过对图片像素点的明暗度进行数值处理，可以实现积木效果显示图像的功能。下面我们添加积木滤镜效果，双击"图片滤镜效果"→"积木滤镜"选项，进入代码视图，添加该菜单的单击事件代码，如下所示：

```
private void 积木滤镜 ToolStripMenuItem_Click(object sender, EventArgs e)
{
    Graphics myGraphics = this.CreateGraphics();
    //创建窗体的 Graphics 类
    Bitmap myBitmap1 = new Bitmap(pictureBox1.Image);
    //实例化 Bitmap 类
```

```
int myWidth, myHeight, m, n, iAvg, iPixel;              //定义变量
Color myColor, myNewColor;                              //定义颜色变量
RectangleF myRect;
myWidth = myBitmap1.Width;                              //获取背景图片的宽度
myHeight = myBitmap1.Height;                            //获取背景图片的高度
myRect = new RectangleF(0, 0, myWidth, myHeight);       //获取图片的区域
Bitmap bitmap = myBitmap1.Clone(myRect,
System.Drawing.Imaging.PixelFormat.DontCare);           //实例化 Bitmap 类
m = 0;
//遍历图片的所有像素
while (m < myWidth - 1)
{
    n = 0;
    while (n < myHeight - 1)
    {
        myColor = bitmap.GetPixel(m, n);                //获取当前像素的颜色值
        iAvg = (myColor.R + myColor.G + myColor.B) / 3;  //平均法
        iPixel = 0;
        if (iAvg >= 128)                                //如果颜色值大于等于128
        iPixel = 255;                                   //设置为 255
        else
        iPixel = 0;
        //通过调用 Color 对象的 FormArgb 方法获得图像各像素的颜色
        myNewColor = Color.FromArgb(255, iPixel, iPixel, iPixel);
        bitmap.SetPixel(m, n, myNewColor);              //设置颜色值
        n = n + 1;
    }
    m = m + 1;
}
myGraphics.Clear(Color.WhiteSmoke);                     //以指定的颜色清除
myGraphics.DrawImage(bitmap, new Rectangle(0, 0, myWidth, myHeight));
//绘制处理后的图片
pictureBox1.Image = bitmap;
toolStripStatusLabel2.Text = "滤镜效果:    积木滤镜效果";
```

```
}
```

五、添加雾化滤镜

雾化滤镜的原理是向图像中引入随机值以打乱图像的像素值，使处理过的图片具有类似于玻璃上的水雾效果。

下面添加雾化滤镜效果：双击"图片滤镜效果"→"雾化滤镜"选项，进入代码视图，添加该菜单的单击事件代码，如下所示：

```csharp
private void 雾化滤镜 ToolStripMenuItem_Click(object sender, EventArgs e)
{
    int wh = pictureBox1.Image.Height;
    int ww = pictureBox1.Image.Width;
    Bitmap wbitmap = new Bitmap(ww, wh);
    Bitmap wmybitmap = (Bitmap)pictureBox1.Image;
    Color wpixel;
    for (int wx = 1; wx < ww; wx++)
    {
        for (int wy = 1; wy < wh; wy++)
        {
            Random wmyrandom = new Random();
            int wk = wmyrandom.Next(123456);
            int wdx = wx + wk % 19;
            int wdy = wy + wk % 19;
            if (wdx >= ww)
            {
                wdx = ww - 1;
            }
            if (wdy >= wh)
            {
                wdy = wh - 1;
            }
            wpixel = wmybitmap.GetPixel(wdx, wdy);
            wbitmap.SetPixel(wx, wy, wpixel);
        }
```

```
        }
        pictureBox1.Image = wbitmap;
        toolStripStatusLabel2.Text = "滤镜效果:    雾化滤镜效果";
}
```

六、添加锐化滤镜

锐化滤镜通过增加相邻像素的对比度来突出显示颜色值较大的像素点，使用该效果能使模糊图像变清晰。下面我们添加锐化滤镜效果，双击"图片滤镜效果"→"锐化滤镜"选项，进入代码视图，添加该菜单的单击事件代码，如下所示：

```
private void 锐化滤镜 ToolStripMenuItem_Click(object sender, EventArgs e)
{
        int Var_W = pictureBox1.Image.Width;            //获取图片的宽度
        int Var_H = pictureBox1.Image.Height;           //获取图片的高度
        Bitmap mybitmap2 = new Bitmap(Var_W, Var_H);
        //根据图片的大小实例化 Bitmap 类
        Bitmap Var_SaveBmp = (Bitmap)pictureBox1.Image;
        //根据图片实例化 Bitmap 类
        int[] Laplacian = { -1, -1, -1, -1, 9, -1, -1, -1, -1 };    //拉普拉斯模板
        for (int i = 1; i < Var_W - 1; i++)
            for (int j = 1; j < Var_H - 1; j++)
            {
                int tem_r = 0, tem_g = 0, tem_b = 0, tem_index = 0;   //定义变量
                for (int c = -1; c <= 1; c++)
                    for (int r = -1; r <= 1; r++)
                    {
                        Color tem_color = Var_SaveBmp.GetPixel(i + r, j + c);
                        //获取指定像素的颜色值
                        tem_r += tem_color.R * Laplacian[tem_index];
                        //设置 R 色值
                        tem_g += tem_color.G * Laplacian[tem_index];
                        //设置 G 色值
                        tem_b += tem_color.B * Laplacian[tem_index];
                        //设置 B 色值
```

```
            tem_index++;
        }
    tem_r = tem_r > 255 ? 255 : tem_r;
    //如果 R 色值大于 255，将 R 色值设置为 255，否则不变
    tem_r = tem_r < 0 ? 0 : tem_r;
    //如果 R 色值小于 0，将 R 色值设置为 0，否则不变
    tem_g = tem_g > 255 ? 255 : tem_g;
    //如果 G 色值大于 255，将 G 色值设置为 255，否则不变
    tem_g = tem_g < 0 ? 0 : tem_g;
    //如果 G 色值小于 0，将 G 色值设置为 0，否则不变
    tem_b = tem_b > 255 ? 255 : tem_b;
    //如果 B 色值大于 255，将 B 色值设置为 255，否则不变
    tem_b = tem_b < 0 ? 0 : tem_b;
     //如果 B 色值小于 0，将 B 色值设置为 0，否则不变
    mybitmap2.SetPixel(i - 1, j - 1, Color.FromArgb(tem_r, tem_g, tem_b));
    //设置指定像素的颜色
    }
    pictureBox1.Image = mybitmap2;
    toolStripStatusLabel2.Text = "滤镜效果：锐化滤镜效果";
}
```

七、添加黑白滤镜

黑白滤镜能够将一副彩色照片以黑白照片的效果显示出来，实现原理是按照各像素的 RGB 颜色值，通过平均值法，将其改变成比较柔和的黑白图像。

下面我们添加黑白滤镜效果，双击"图片滤镜效果"→"黑白滤镜"选项，进入代码视图，添加该菜单的单击事件代码，如下所示：

```
private void 黑白滤镜 ToolStripMenuItem_Click(object sender, EventArgs e)
{
    int Var_H = pictureBox1.Image.Height;          //获取图像的高度
    int Var_W = pictureBox1.Image.Width;           //获取图像的宽度
    Bitmap mybitmap3 = new Bitmap(Var_W, Var_H);
                                    //根据图像的大小实例化 Bitmap 类
    Bitmap Var_SaveBmp = (Bitmap)pictureBox1.Image;//根据图像实例化 Bitmap 类
```

```
//遍历图像的像素
for (int i = 0; i < Var_W; i++)
for (int j = 0; j < Var_H; j++)
{
    Color tem_color = Var_SaveBmp.GetPixel(i, j);    //获取当前像素的颜色值
    int tem_r, tem_g, tem_b, tem_Value = 0;           //定义变量
    tem_r = tem_color.R;                              //获取 R 色值
    tem_g = tem_color.G;                              //获取 G 色值
    tem_b = tem_color.B;                              //获取 B 色值
    tem_Value = ((tem_r + tem_g + tem_b) / 3);        //用平均值法产生黑白图像
    mybitmap3.SetPixel(i, j, Color.FromArgb(tem_Value, tem_Value, tem_Value));
    //改变当前像素的颜色值
}
pictureBox1.Image = mybitmap3;
toolStripStatusLabel2.Text = "滤镜效果:   黑白滤镜效果";
}
```

任务三　添加图片动画效果

任务说明

在应用程序或多媒体软件中适当地应用一些动态图像效果,可以大大提高程序的趣味性,增强程序的吸引力。本任务利用 C# 的 Bitmap 对象和 GDI+技术实现图片的动画特效,如上下拉伸、左右拉伸、百叶窗等。

任务实施

一、添加图片动画效果的子菜单

在主窗体中单击"图片动画效果"菜单,然后为其添加 "上下拉伸"、"左右拉伸"、"两边拉伸"、"水平百叶窗"、"垂直百叶窗"、"翻转动画"、"扩展动画"子菜单选项,如图 14-10 所示。

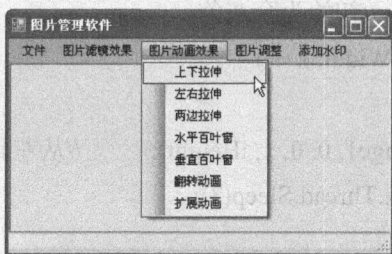

图 14-10 添加图片动画效果子菜单

二、添加上下拉伸动画效果

双击"图片动画效果"→"上下拉伸"选项,进入代码视图,添加该菜单的单击事件代码,如下所示:

```
private void 上下拉伸 ToolStripMenuItem_Click(object sender, EventArgs e)
{
    int iWidth = this.pictureBox1.Width;            //图像宽度
    int iHeight = this.pictureBox1.Height;          //图像高度
    Graphics g = this.pictureBox1.CreateGraphics(); //创建 Graphics 对象实例
    g.Clear(Color.Gray);                            //初始为全灰色
    for (int y = 0; y <= iHeight; y++)
    {
        g.DrawImage(image1, 0, 0, iWidth, y);       //从上到下拉伸显示
        System.Threading.Thread.Sleep(3);
    }
    toolStripStatusLabel2.Text = "图片动画效果:上下拉伸";
}
```

三、添加左右拉伸动画效果

双击"图片动画效果"→"左右拉伸"命令,进入代码视图,添加该菜单的单击事件代码,如下所示:

```
private void 左右拉伸 ToolStripMenuItem_Click(object sender, EventArgs e)
{
    int iWidth = this.pictureBox1.Width;            //图像宽度
    int iHeight = this.pictureBox1.Height;          //图像高度
    Graphics g = this.pictureBox1.CreateGraphics(); //创建 Graphics 对象实例
```

```
        g.Clear(Color.Gray); //初始为全灰色
        for (int x = 0; x <= iWidth; x++)
        {
            g.DrawImage(image1, 0, 0, x, iHeight);          //从左到右拉伸显示
            System.Threading.Thread.Sleep(3);
        }
        toolStripStatusLabel2.Text = "图片动画效果：左右拉伸";
    }
```

四、添加两边拉伸动画效果

双击"图片动画效果"→"两边拉伸"选项，进入代码视图，添加该菜单的单击事件代码，如下所示：

```
    private void 两边拉伸 ToolStripMenuItem_Click(object sender, EventArgs e)
    {
        int iWidth = this.pictureBox1.Width;                //图像宽度
        int iHeight = this.pictureBox1.Height;              //图像高度
        Graphics g = this.pictureBox1.CreateGraphics();     //创建 Graphics 对象实例
        g.Clear(Color.Gray); //初始为全灰色
        for (int y = 0; y <= iWidth / 2; y++)               //两边拉伸显示
        {
            Rectangle DestRect = new Rectangle(iWidth / 2 - y, 0,2 * y, iHeight);
            Rectangle SrcRect = new Rectangle(0, 0, image1.Width, image1.Height);
            g.DrawImage(image1, DestRect, SrcRect, GraphicsUnit.Pixel);
            System.Threading.Thread.Sleep(3);
        }
        toolStripStatusLabel2.Text = "图片动画效果：两边拉伸";
    }
```

五、添加水平百叶窗动画效果

双击"图片动画效果"→"水平百叶窗"命令，进入代码视图，添加该菜单的单击事件代码，如下所示：

```
    private void 水平百叶窗 ToolStripMenuItem_Click(object sender, EventArgs e)
    {
```

```
image1 = (Bitmap)this.pictureBox1.Image.Clone(); //为共用变量 MyBitmap 赋值
int dh = image1.Height / 20;                      //定义变量并赋值
int dw = image1.Width;
Graphics g = this.pictureBox1.CreateGraphics();   //定义 Graphics 对象案例
g.Clear(Color.Gray);
Point[] MyPoint = new Point[20];                  //定义点数组
for (int y = 0; y < 20; y++)                       //利用 For 循环为点数组赋值
{
    MyPoint[y].X = 0;
    MyPoint[y].Y = y * dh;
}
Bitmap bitmap = new Bitmap(image1.Width, image1.Height);
for (int i = 0; i < dh; i++)
{
    for (int j = 0; j < 20; j++)
    {
        for (int k = 0; k < dw; k++)
        {
            bitmap.SetPixel(MyPoint[j].X + k, MyPoint[j].Y + i,
                    image1.GetPixel(MyPoint[j].X + k, MyPoint[j].Y + i));
        }
    }
    this.pictureBox1.Refresh();                    //刷新图像
    this.pictureBox1.Image = bitmap;
    System.Threading.Thread.Sleep(10);
}
toolStripStatusLabel2.Text = "图片动画效果：水平百叶窗";
}
```

六、添加垂直百叶窗动画效果

双击"图片动画效果"→"垂直百叶窗"命令，进入代码视图，添加该菜单的单击
事件代码，如下所示：

```
private void 垂直百叶窗 ToolStripMenuItem_Click(object sender, EventArgs e)
```

```
{
        image1 = (Bitmap)this.pictureBox1.Image.Clone();
        int dw = image1.Width / 30;
        int dh = image1.Height;
        Graphics g = this.pictureBox1.CreateGraphics();
        g.Clear(Color.Gray);
        Point[] MyPoint = new Point[30];
        for (int x = 0; x < 30; x++)
        {
            MyPoint[x].Y = 0;
            MyPoint[x].X = x * dw;
        }
        Bitmap bitmap = new Bitmap(image1.Width, image1.Height);
        for (int i = 0; i < dw; i++)
        {
            for (int j = 0; j < 30; j++)
            {
                for (int k = 0; k < dh; k++)
                {
                    bitmap.SetPixel(MyPoint[j].X + i, MyPoint[j].Y + k,
                            image1.GetPixel(MyPoint[j].X + i, MyPoint[j].Y + k));
                }
            }
        }
        this.pictureBox1.Refresh();
        this.pictureBox1.Image = bitmap;
        System.Threading.Thread.Sleep(10);
    }
    toolStripStatusLabel2.Text = "图片动画效果：垂直百叶窗";
```

按【F5】键调试程序，打开一幅图片，使用水平百叶窗和垂直百叶窗效果后，如图 14-11 所示。

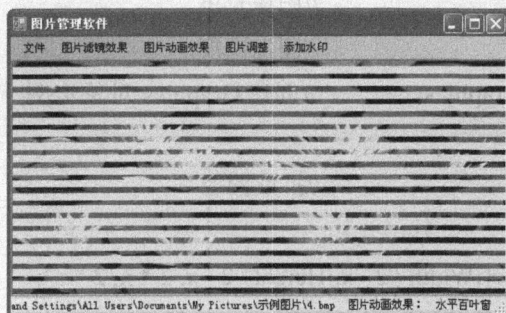

图 14-11（a）　水平百叶窗效果　　　　图 14-11（b）　垂直百叶窗效果

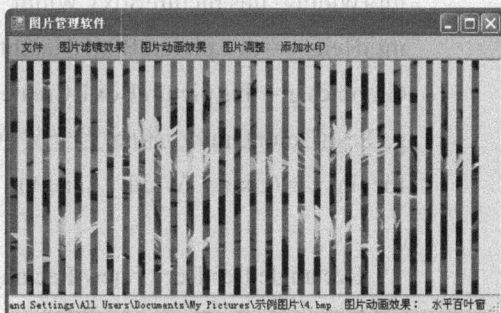

七、添加翻转动画效果

双击"图片动画效果"→"翻转动画"命令，进入代码视图，添加该菜单的单击事件代码，如下所示：

```
private void 翻转动画ToolStripMenuItem_Click(object sender, EventArgs e)
{
    int iWidth = this.pictureBox1.Width;                //图像宽度
    int iHeight = this.pictureBox1.Height;              //图像高度
    Graphics g = this.pictureBox1.CreateGraphics();     //创建 Graphics 对象实例
    g.Clear(Color.Gray); //初始为全灰色
    for (int x = -iWidth / 2; x <= iWidth / 2; x++)     //翻转图像
    {
        Rectangle DestRect = new Rectangle(0, iHeight / 2 - x, iWidth, 2 * x);
        Rectangle SrcRect = new Rectangle(0, 0, image1.Width, image1.Height);
        g.DrawImage(image1, DestRect, SrcRect, GraphicsUnit.Pixel);
        System.Threading.Thread.Sleep(10);
    }
    toolStripStatusLabel2.Text = "图片动画效果：翻转图片动画";
}
```

八、添加扩展动画效果

双击"图片动画效果"→"扩展动画"命令，进入代码视图，添加该菜单的单击事件代码，如下所示：

```
private void 扩展动画ToolStripMenuItem_Click(object sender, EventArgs e)
{
```

```
    int iWidth = this.pictureBox1.Width;                        //图像宽度
    int iHeight = this.pictureBox1.Height;                      //图像高度
    Graphics g = this.pictureBox1.CreateGraphics();             //创建 Graphics 对象实例
    g.Clear(Color.Gray); //初始为全灰色
    for (int x = 0; x <= iWidth / 2; x++)                       //扩展图像
    {
        Rectangle DestRect = new Rectangle(iWidth / 2 - x,iHeight / 2 - x, 2 * x, 2 * x);
        Rectangle SrcRect = new Rectangle(0, 0,image1.Width, image1.Height);
        g.DrawImage(image1, DestRect, SrcRect, GraphicsUnit.Pixel);
        System.Threading.Thread.Sleep(10);
    }
    toolStripStatusLabel2.Text = "图片动画效果：扩展图片动画";
}
```

任务四　添加图片调整功能

任务说明

在本任务中利用 C# 的 TrackBar 控件和 Bitmap 对象，实现图片的亮度和对比度的动态调整。同时，通过实现图片以 90°方式顺时针旋转功能，并能够保存调整后的图片。

任务实施

一、添加图片调整窗体

实施步骤

步骤 1　在 VS 中打开任务二的源码，单击菜单栏"项目"→"添加 Windows 窗体"命令，在弹出的"添加新项"对话框中选择"Windows 窗体"选项，将其名称改为"photofix"，如图 14-12 所示。单击"添加"按钮即完成添加工作。

步骤 2　在刚刚新建的窗体中添加 3 个标签（Label）、2 个 TrackBar 控件、1 个图片框（pictureBox）、3 个按钮（button）和 1 个文件保存对话框（SaveFileDialog 控件），按下方提示设置其属性，参照图 14-12 所示调整控件位置。

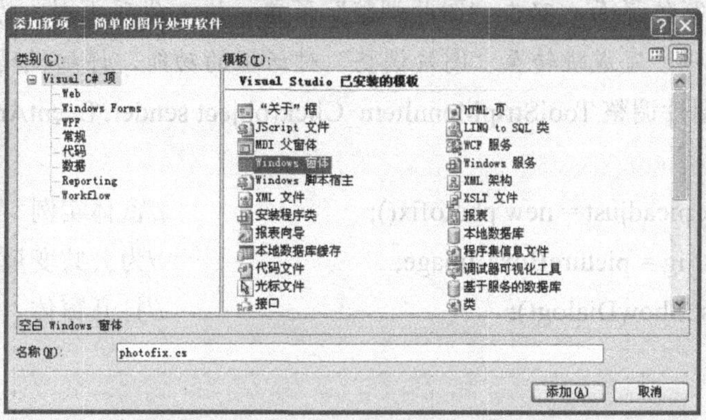

图 14-12　添加 photofix 的 Windows 窗体

Label1 的 Text 值为：亮度调整；Label2 的 Text 值为：对比度调整；Label3 的 Text 值为：旋转图片。

trackBar1 控件的 TickStyle 的值为：None;Minimum 的值为：–255；Maximum 的值为：255。

trackBar2 控件的 TickStyle 的值为：None;Minimum 的值为：–100；Maximum 的值为：100。

pictureBox 控件的 BorderStyle 属性值为：Fixed3D；SizeMode 的值为：StretchImage。

button1 的 Text 值为：保存；button2 的 Text 值为：取消；Button3 的 Text 值为：旋转。

按图 14-13 所示调整各个控件的位置。

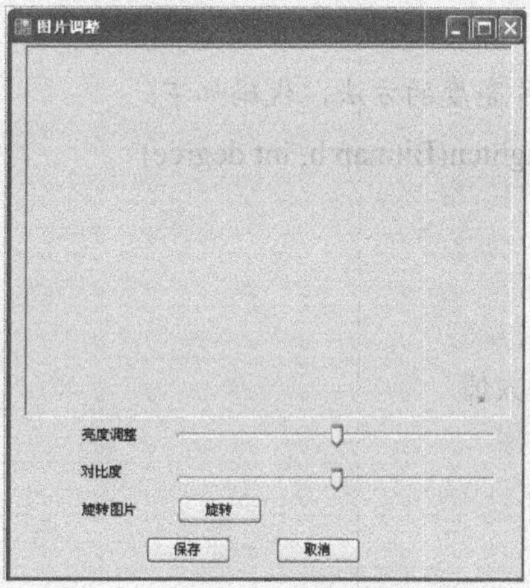

图 14-13　photofix 窗体设计效果图

步骤 3　为了实现数据信息在窗体之间传递，需要在图片调整窗体的代码视图中添加公共变量，如下所示：

```
public Image ig;                          //打开的图片
```

步骤4 返回到主窗体界面，双击"图片调整"菜单，进入代码视图，为该菜单添加单击事件代码，完成跳转至"图片调整"对话框的功能，详细代码如下：

```
private void 图片调整 ToolStripMenuItem_Click(object sender, EventArgs e)
{
        photofix picadjust = new photofix();              //窗体实例
        picadjust.ig = pictureBox1.Image;                 //为公共变量赋值
        picadjust.ShowDialog();                           //打开窗体
}
```

二、为 photofix 窗体添加相关代码

下面开始实现"图片调整"对话框中的功能，双击 photofix 窗体进入代码视图，然后按如下步骤添加功能相关代码。

步骤1 为了调用 BitmapData 等对象，要导入 System.Drawing.Imaging 命名空间，代码如下：

```
using System.Drawing.Imaging;
```

步骤2 添加窗体的加载事件代码，如下所示：

```
private void photofix_Load(object sender, EventArgs e)
{
        pictureBox1.Image = ig;   //显示打开的图像
}
```

步骤3 添加自定义调整图片亮度的方法，代码如下：

```
public static Bitmap KiLighten(Bitmap b, int degree)
{
        if (b == null)
        {    return null;   }
        //确定最小值和最大值
        if (degree < -255)
            degree = -255;
        if (degree > 255)
            degree = 255;
        try
        {    //确定图像的宽和高
            int width = b.Width;
```

```
int height = b.Height;
int pix = 0;
//LockBits 将 Bitmap 锁定到内存中
BitmapData data = b.LockBits(new Rectangle(0, 0, width, height),
        ImageLockMode.ReadWrite, PixelFormat.Format24bppRgb);
unsafe
{    //p 指向地址
    byte* p = (byte*)data.Scan0;            //8 位无符号整数
    int offset = data.Stride - width * 3;
    for (int y = 0; y < height; y++)
    {
        for (int x = 0; x < width; x++)
        {    //处理指定位置像素的亮度
            for (int i = 0; i < 3; i++)
            {
                pix = p[i] + degree;
                if (degree < 0)
                    p[i] = (byte)Math.Max(0, pix);
                if (degree > 0)
                    p[i] = (byte)Math.Min(255, pix);
            } // i
            p += 3;
        } // x
        p += offset;
    } // y
}
b.UnlockBits(data);//从内存中解除锁定
return b;
}
catch
{
    return null;
}
}
```

步骤4 添加自定义调整图片对比度的方法，代码如下：

```csharp
public static Bitmap KiContrast(Bitmap b, int degree)      //对比度调节
{
    if (b == null)
    {
        return null;
    }
    if (degree < -100) degree = -100;
    if (degree > 100) degree = 100;
    try
    {
        double pixel = 0;
        double contrast = (100.0 + degree) / 100.0;
        contrast *= contrast;
        int width = b.Width;
        int height = b.Height;
        BitmapData data = b.LockBits(new Rectangle(0, 0, width, height),
                    ImageLockMode.ReadWrite, PixelFormat.Format24bppRgb);
        unsafe
        {
            byte* p = (byte*)data.Scan0;
            int offset = data.Stride - width * 3;
            for (int y = 0; y < height; y++)
            {
                for (int x = 0; x < width; x++)
                {   // 处理指定位置像素的对比度
                    for (int i = 0; i < 3; i++)
                    {
                        pixel = ((p[i] / 255.0 - 0.5) * contrast + 0.5) * 255;
                        if (pixel < 0)
                            pixel = 0;
                        if (pixel > 255)
                            pixel = 255;
                        p[i] = (byte)pixel;
```

```
                }
                    p += 3;
                }
            p += offset;
            }
        }
        b.UnlockBits(data);
        return b;
    }
    catch
    {   return null;   }
}
```

步骤 5 双击 photofix 窗体中的 trackbar1（滑块 1）控件,添加该控件的 Scroll 事件代码,如下所示:

```
private void trackBar1_Scroll(object sender, EventArgs e)      //添加滑块 1 的后台代码
{
    Bitmap b = new Bitmap(ig);
    Bitmap bp = KiLighten(b, trackBar1.Value);                  //调用调整亮度方法
    pictureBox1.Image = bp;
}
```

步骤 6 双击 photofix 窗体中的 trackbar2（滑块 2）控件,添加该控件的 Scroll 事件代码,如下所示:

```
private void trackBar2_Scroll(object sender, EventArgs e)      //添加滑块 2 的后台代码
{
    Bitmap t = new Bitmap(ig);
    Bitmap bp = KiContrast(t, trackBar2.Value);                //调用调整对比度方法
    pictureBox1.Image = bp;
}
```

步骤 7 双击 photofix 窗体中的"保存"按钮,添加该控件的 Click 事件代码,如下所示:

```
private void button1_Click(object sender, EventArgs e)        //保存修改后的图片
{
    Graphics g = pictureBox1.CreateGraphics();
    saveFileDialog1.Filter =
    "BMP|*.bmp|JPEG|*.jpeg|GIF|*.gif|PNG|*.png";
```

```
        if (saveFileDialog1.ShowDialog() == DialogResult.OK)
        {
                string picPath = saveFileDialog1.FileName;
                string picType = picPath.Substring(picPath.LastIndexOf(".") + 1,
                                        (picPath.Length - picPath.LastIndexOf(".") - 1));
                switch (picType)
                {
                    case "bmp":
                        Bitmap bt = new Bitmap(pictureBox1.Image);
                        Bitmap mybmp = new Bitmap(bt, ig.Width, ig.Height);
                        mybmp.Save(picPath, ImageFormat.Bmp); break;
                    case "jpeg":
                        Bitmap bt1 = new Bitmap(pictureBox1.Image);
                        Bitmap mybmp1 = new Bitmap(bt1, pictureBox1.Width,
                                                        pictureBox1.Height);
                        mybmp1.Save(picPath, ImageFormat.Jpeg); break;
                    case "gif":
                        Bitmap bt2 = new Bitmap(pictureBox1.Image);
                        Bitmap mybmp2 = new Bitmap(bt2, pictureBox1.Width,
                                                        pictureBox1.Height);
                        mybmp2.Save(picPath, ImageFormat.Gif); break;
                    case "png":
                        Bitmap bt3 = new Bitmap(pictureBox1.Image);
                        Bitmap mybmp3 = new Bitmap(bt3, pictureBox1.Width,
                                                        pictureBox1.Height);
                        mybmp3.Save(picPath, ImageFormat.Png); break;
                }
        }
}
```

步骤 8 双击 photofix 窗体中的"旋转"按钮，添加该控件的 Click 事件代码，如下所示：

```
private void button3_Click(object sender, EventArgs e)
{       //添加以 90 度方式旋转图片的后台代码
        Image myImage = pictureBox1.Image;
        myImage.RotateFlip(RotateFlipType.Rotate90FlipXY);
```

```
            pictureBox1.Image = myImage;
    }
```

步骤 9 双击 photofix 窗体中的"取消"按钮，添加该控件的 Click 事件代码，如下所示：

```
private void button2_Click(object sender, EventArgs e)    //关闭窗口
{
        this.Close();
}
```

三、设置允许不安全代码通过验证功能

本程序是利用指针实现动态调用图片的亮度和对比度的，在 C# 中，指针是不安全代码，无法通过 CLR 安全验证。因此，为了变异不安全的代码，必须用 unsafe 编译应用程序。具体方法是：在 VS 中单击菜单栏中"项目"→"基于 Form 的图片管理属性"选项，然后单击"生成"选项卡，选中右窗格中的"允许不安全代码"复选框即可，如图 14-14 所示。

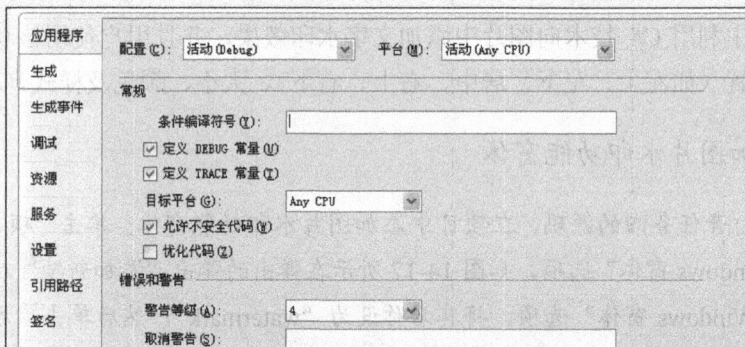

图 14-14　设置允许不安全代码运行

四、调试运行程序

步骤 1 按【F5】键调试该程序，打开一幅图片，单击"图片调整"命令即可打开图片调整窗体，如图 14-15 所示。

步骤 2 调整鼠标滑块可以修改图片的亮度和对比度，单击"旋转"按钮可以改变图片的角度，如图 14-16 所示。

步骤 3 若要保存修改后的图片，单击"保存"按钮即可；若不满意调整效果，则单击"取消"按钮取消所有操作。

图 14-15　图片调整窗体　　　　　　　图 14-16　修改后的图片

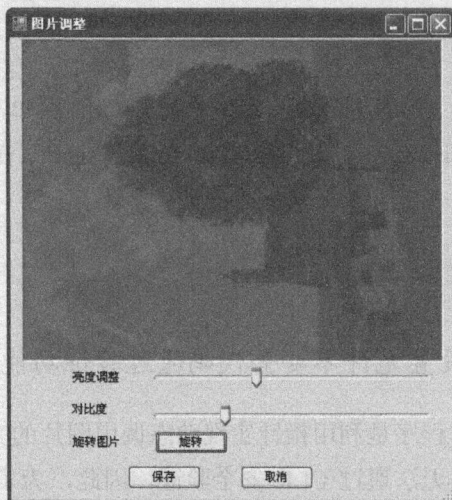

任务五　添加图片水印功能

在本任务中利用 C# 技术向图片中添加文字水印效果，并且用户使用该功能时可以指定文字的位置（如左上、左下、居中、右上、右下）、大小、颜色及样式。

一、设计添加图片水印功能窗体

步骤1　首先打开任务四的源码，在项目中添加图片水印功能窗体：单击"项目"→"添加 Windows 窗体"选项，如图 14-17 所示在弹出的弹出"添加新项"对话框中选择"Windows 窗体"选项，将其名称设为"watermark"，然后单击"添加"按钮即完成添加工作。

图 14-17　添加水印窗体

步骤 2　在刚刚添加的窗体中添加 1 个标签、5 个单选按钮、1 个文本框、1 个图片框、4 个按钮、1 个文件保存对话框和 1 个字体对话框，然后按图 14-18 所示设置控件属性。

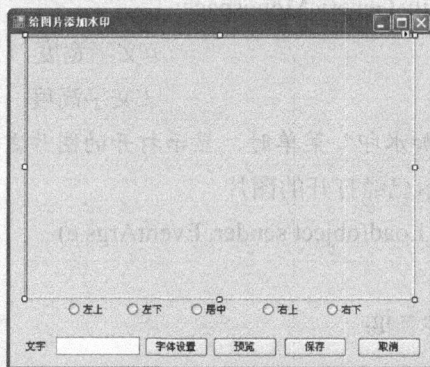

图 14-18　调整完属性和布局后的水印窗体

步骤 3　返回到主窗体设计界面，双击 "添加水印" 菜单，为该菜单添加单击事件代码，实现打开 "watermark" 窗体功能，如下所示：

```
private void 添加 ToolStripMenuItem_Click(object sender, EventArgs e)
{
        wartermark water = new wartermark();
        water.ig = pictureBox1.Image;
        water.FPath = FPath;
        water.ShowDialog();
}
```

二、完成添加水印功能

下面来完成 "watermark" 窗体内的功能，双击该窗体进入代码视图，按如下步骤添加代码：

步骤 1　为了调用 ImageFormat 对象，需要导入 System.Drawing.Imaging，如下所示：

```
using System.Drawing.Imaging;              //导入绘图命名空间
```

步骤 2　为了实现数据信息在不同窗体之间的传递，需要添加公共变量，如下所示：

```
public Image ig;                //打开的图片
public string FPath;            //打开图片的路径
```

步骤 3　定义变量，设置添加字体的样式、大小、颜色及文字的宽度和高度，详细代码如下：

```
FontStyle Fstyle = FontStyle.Regular;          //字体样式
float Fsize = 18;                              //字体大小
Color Fcolor = System.Drawing.Color.Yellow;    //字体默认颜色
FontFamily a = FontFamily.GenericMonospace;
int Fwidth;                                    //文字宽度
int Fheight;                                   //文字高度
```

步骤4 为了能在单击"添加水印"菜单时，显示打开的图片需要添加如下代码：

```
//当单击添加水印时显示已经打开的图片
private void wartermark_Load(object sender, EventArgs e)
{
        pictureBox1.Image = ig;
}
```

步骤5 自定义添加图片水印的方法 Watermark，其实现代码如下所示：

```
public void makeWatermark(int x, int y, string txt)
{
        System.Drawing.Image image = Image.FromFile(FPath);          //实例化 image 类
        System.Drawing.Graphics e = System.Drawing.Graphics.FromImage(image);
        //实例化 Graphics 类
        System.Drawing.Font f = new System.Drawing.Font(a, Fsize, Fstyle);//设置字体
        System.Drawing.Brush b = new System.Drawing.SolidBrush(Fcolor);//定义画刷
        e.DrawString(txt, f, b, x, y);                  //写入文字
        SizeF XMaxSize = e.MeasureString(txt, f);        //建立有序浮点数对
        Fwidth = (int)XMaxSize.Width;                    //获取宽度
        Fheight = (int)XMaxSize.Height;                  //获取高度
        e.Dispose();                                    //释放空间
        pictureBox1.Image = image;                      //将文字显示在图片上
}
```

步骤6 双击"字体设置"按钮，添加该按钮的单击事件代码，实现动态设置文字的大小、颜色及样式，详细代码如下所示：

```
private void button1_Click(object sender, EventArgs e)
{
        fontDialog1.ShowColor = true;
        fontDialog1.ShowHelp = false;
        fontDialog1.ShowApply = false;
```

```
            if (fontDialog1.ShowDialog() == DialogResult.OK)
            {
                Fstyle = fontDialog1.Font.Style;
                Fcolor = fontDialog1.Color;
                Fsize = fontDialog1.Font.Size;
                a = fontDialog1.Font.FontFamily;
            }
    }
```

步骤 7 双击"预览"按钮，添加该按钮的单击事件代码，详细代码如下：

```
    private void button2_Click(object sender, EventArgs e)
    {
        pictureBox1.Image = ig;
        if (txtChar.Text.Trim() != "")
        {
            if (radioButton1.Checked)
            {
                int x = 10, y = 10;
                makeWatermark(x, y, txtChar.Text.Trim());
            }
            if (radioButton2.Checked)
            {
                int x1 = 10, y1 = ig.Height - Fheight;
                makeWatermark(x1, y1, txtChar.Text.Trim());
            }
            if (radioButton3.Checked)
            {
                int x2 = (int)(ig.Width - Fwidth) / 2;
                int y2 = (int)(ig.Height - Fheight) / 2;
                makeWatermark(x2, y2, txtChar.Text.Trim());
            }
            if (radioButton4.Checked)
            {
                int x3 = ig.Width - Fwidth;
                int y3 = 10;
```

```
                    makeWatermark(x3, y3, txtChar.Text.Trim());
                }
            if (radioButton5.Checked)
                {
                    int x4 = ig.Width - Fwidth;
                    int y4 = ig.Height - Fheight;
                    makeWatermark(x4, y4, txtChar.Text.Trim());
                }
            }
        }
```

步骤8 双击 "保存" 按钮, 添加该按钮的单击事件代码, 详细代码如下所示:

```
    private void button3_Click(object sender, EventArgs e)
    {
        saveFileDialog1.Filter = "BMP|*.bmp|JPEG|*.jpeg|GIF|*.gif|PNG|*.png";
        if (saveFileDialog1.ShowDialog() == DialogResult.OK)
        {
            string picPath = saveFileDialog1.FileName;
            string picType = picPath.Substring(picPath.LastIndexOf(".") + 1,
                                (picPath.Length - picPath.LastIndexOf(".") - 1));
            switch (picType)
            {
                case "bmp":
                    Bitmap bt = new Bitmap(pictureBox1.Image);
                    Bitmap mybmp = new Bitmap(bt, ig.Width, ig.Height);
                    mybmp.Save(picPath, ImageFormat.Bmp); break;
                case "jpeg":
                    Bitmap bt1 = new Bitmap(pictureBox1.Image);
                    Bitmap mybmp1 = new Bitmap(bt1, ig.Width, ig.Height);
                    mybmp1.Save(picPath, ImageFormat.Jpeg); break;
                case "gif":
                    Bitmap bt2 = new Bitmap(pictureBox1.Image);
                    Bitmap mybmp2 = new Bitmap(bt2, ig.Width, ig.Height);
                    mybmp2.Save(picPath, ImageFormat.Gif); break;
                case "png":
```

```
                    Bitmap bt3 = new Bitmap(pictureBox1.Image);
                    Bitmap mybmp3 = new Bitmap(bt3, ig.Width, ig.Height);
                    mybmp3.Save(picPath, ImageFormat.Png); break;
                }
            }
        }
```

步骤9 双击"取消"按钮，添加该按钮的单击事件代码，详细代码如下：

```
private void button4_Click(object sender, EventArgs e)
{
        this.Close();
}
```

三、调试运行程序

按【F5】键调试程序，打开一幅图片，然后单击"添加水印"菜单，在文本框中输入文字"水印"，选择"右上"单选按钮，如图 14-19a 所示。然后单击"字体设置"按钮，在弹出的"字体"对话框中设置字体为"隶书"，字号为"三号"，字体颜色为"红色"，如图 14-19b 所示。单击"确定"按钮后，可以看到原图片中右上方已经打上刚刚设置的水印，如图 14-20 所示。

（a）

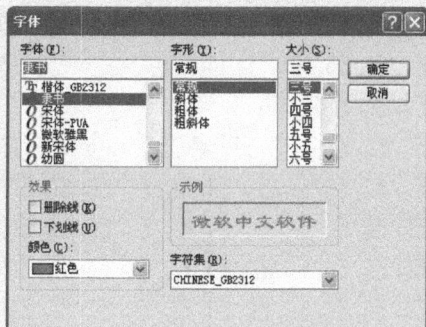
（b）

图 14-19 给图片添加水印

图 14-20　水印效果图

项目总结

本项目详细讲解了利用 C# 技术设计图像处理软件的全过程，希望读者能够理解实现各功能（如图片的打开、保存、设置图片滤镜效果、设置图片动画效果）代码的含义，并能够跟随步骤亲手模仿制作。

项目实训

在本项目所学知识的基础上，尝试设计一款功能更加强大的图片处理软件。

附录　C# 中常用运算符的优先级

在表达式中，优先级较高的先于优先级较低的进行运算。而当一个运算量两侧的运算符优先级相同时，则按运算符的结合性所规定的结合方向处理。

一般而言，单目运算符优先级较高，赋值运算符优先级低。算术运算符优先级较高，关系和逻辑运算符优先级较低。多数运算符具有左结合性，单目运算符、三目运算符、赋值运算符具有右结合性。

C# 中运算符的优先级情况如附表 1-1 所示。

附表 1-1　C# 中常用运算符的优先级

优先级	类　别	运　算　符
高 ↓ 低	基本运算符	(x)　x.y　f(x)　a[x]　x++　x--　new　typeof　checked　unchecked
	单目元运算符	+　-　!　~　++x　-x　(T)x
	乘除运算符	*　/　%
	加减运算符	+　-
	位移运算符	<<　>>
	关系和类类型检测	<　>　<=　>=　is　as
	相等运算符	==　!=
	按位与运算符	&
	按位异或运算符	^
	按位或运算符	|
	逻辑与运算符	&&
	逻辑或运算符	||
	三目运算符	?:
	赋值运算符	=　+=　-=　*=　/=　%=　&=　|=　^=　>>=　<<=